... EN SYRIE

MOLLUSQUES

TERRESTRES ET FLUVIATILES

DE SYRIE

PAR

LOUIS GERMAIN

TOME SECOND

... INDEX ET 23 PLANCHES

PARIS

J. B. BAILLIÈRE ET FILS

1922

MOLLUSQUES

TERRESTRES ET FLUVIATILES

DE SYRIE

VOYAGE ZOOLOGIQUE
D'HENRI GADEAU DE KERVILLE EN SYRIE

(AVRIL - JUIN 1908)

TOME TROISIÈME

MOLLUSQUES
TERRESTRES ET FLUVIATILES
DE SYRIE

PAR

Louis GERMAIN

TOME SECOND

PÉLÉCYPODES, INDEX ET 23 PLANCHES

PARIS

J.-B. BAILLIÈRE ET FILS

1922

PÉLÉCYPODES.

Famille des UNIONIDÆ.

Les UNIONIDÆ de la Syrie et de la Palestine sont représentés par d'assez nombreux *Unios* et par deux genres particuliers : les *Leguminaia* qui remplacent les *Margaritana* des régions nord-occidentales de l'Europe, et les *Gabillotia* qui tiennent lieu des Anodontes si répandues dans les eaux douces européennes.

Les espèces appartenant au genre *Unio*, sans être très nombreuses, montrent néanmoins une grande variété de formes. Elles vivent en colonies, toujours populeuses, aussi bien dans les lacs que dans les rivières. Les *Leguminaia* sont également des animaux communs, mais les *Gabillotia* restent constamment beaucoup plus rares.

Genre GABILLOTIA Servain, 1890[1].

Gabillotia pseudodopsis Locard.

Pl. III, fig. 6.

1883. *Anodonta pseudodopsis* Locard, *Malacologie lacs Tibériade, Antioche et Homs ;* p. 61, pl. XIX bis, fig. 1 - 3.

1889. *Anodonta pseudodopsis* Blanckenhorn, *Nachrichtsblatt d. Deutschen Malakozoolog. Gesellschaft ;* p. 90.

1890. *Anodonta (Euanodonta) pseudodopsis* Westerlund, *Fauna der palaärct. region Binnenconchylien ;* VII, p. 294.

1. SERVAIN (Dr G.). — Des Acéphales lamellibranches fluviatiles du système européen ; *Bulletins Soc. malacologique France ;* VII, 1890, p. 283 et 296.

Ce genre a extérieurement l'aspect de certains *Anodonta* (notamment des *Anodonta Milleti* Ray et Drouët, *A. subcircularis* Clessin, etc.), mais il est surtout voisin des *Pseudodon* dont il se sépare par sa charnière tout à fait méplane, sans dents, entièrement envahie, en avant, par les attaches du ligament antéro-interne.

1890. *Gabillotia pseudodopsis* Servain, *Bulletins Soc. malacologique France ;* VII, p. 296.

1890. *Gabillotia Locardi* Servain, *Bulletins Soc. malacologique France ;* VII, p. 296, pl. V, fig. 1 - 2.

1900. *Gabillotia pseudodopsis* Simpson, Synopsis of Naiades, *Proceed. Unit. st. nation. Museum ;* XXII, p. 650.

1900. *Gabillotia Locardi* Simpson, Synopsis of Naiades, *Proceed. Unit. st. nation. Museum ;* XXII, p. 650.

1912. *Gabillotia pseudodopsis* Kobelt, *Iconographie der Land- und Süswasser-Mollusken ;* n. f., XVIII, p. 33, taf. XDVI, fig. 2638.

1912. *Gabillotia Locardi* Kobelt, in : Rossmässler, *Iconographie der Land- und Süsswasser-Mollusken ;* n. f., XVIII, p. 34, taf. XDVI, fig. 2639.

1913. *Gabillotia pseudodopsis* Germain, *Bulletin Muséum Hist. natur. Paris*, XIX, p. 470, n° 1.

1914. *Gabillotia pseudodopsis* Simpson, *A Descriptive Catalogue Naïades* (publ. par BRYANT WALKER) ; part I, p. 440.

Coquille de grande taille, de forme générale ovalaire-subarrondie ; valves à peine baillantes antérieurement et postérieurement ; région antérieure assez développée, arrondie, nettement décurrente inférieurement ; région postérieure plus développée, environ une fois et demie aussi longue que l'antérieure, terminée par un rostre obtus, inférieur et subtroncatulé ; bord supérieur peu développé, long seulement de 31 millimètres, à peine convexe jusqu'à l'angle postéro-dorsal qui est peu accentué ; bord postérieur droit ou sub-concave, descendant jusqu'au rostre ; bord inférieur très largement convexe, relevé vers le rostre ; sommets submé-dians, médiocrement proéminents, un peu gros, arrondis et plus ou moins fortement ridés ; ligament postérieur long de 25 millimètres, robuste, d'un marron brillant ; ligament antéro-interne médiocre ; charnière plane, envahie anté-rieurement par le ligament. Impressions musculaires : l'an-térieure arrondie - oblongue, médiocre ; la postérieure sub-pyriforme, peu marquée ; la palléale très nettement indiquée.

Longueur maximum : 111 millimètres ; hauteur maximum : 82 millimètres, à 17 millimètres des sommets ; épaisseur maximum : 42 millimètres.

Test relativement peu épais mais solide, subpondéreux, brillant, d'un brun-jaunâtre clair teinté de verdâtre, s'éclaircissant vers les sommets, à peine plus foncé vers les régions antérieure et postérieure ; stries inégales, assez fines, serrées, plus inégales antérieurement et inférieurement où elles deviennent lamelleuses. Nacre d'un blanc bleuâtre, fortement irisée.

Cette description correspond parfaitement à l'espèce de LOCARD, puisqu'elle est établie sur un des exemplaires de l'auteur, aujourd'hui au Muséum national d'Histoire naturelle de Paris. Cependant A. LOCARD a dû recevoir des échantillons de taille plus grande, puisqu'il donne, à son *Anodonta pseudodopsis*, 125 - 130 millimètres de longueur maximum pour 82 - 84 millimètres de hauteur maximum et 40 - 41 1/2 millimètres d'épaisseur maximum. On voit, de plus, que ces mensurations correspondent à des individus plus allongés et, de fait, la figuration donnée par l'auteur [1], ne correspond pas à son type, que je représente ici. (Pl. III, fig. 6).

Les échantillons rapportés par M. HENRI GADEAU DE KERVILLE, comparés au type, n'en diffèrent que par des caractères tout à fait secondaires. Leur forme générale est encore un peu moins allongée, par suite de la disposition du bord inférieur qui est plus brusquement remontant vers le rostre ; le bord supérieur est plus rectiligne, dans une direction nettement ascendante ; l'angle antéro-dorsal est plus saillant ; enfin le test, plus clair, est d'un jaune verdâtre à peine teinté de brun, même vers le bord inférieur.

Le Dr G. SERVAIN a décrit un *Gabillotia Locardi* qui différerait du *Gabillotia pseudodopsis* Locard « par sa forme non oblongue mais sphérique, par son bord supérieur plus court et plus descendant à partir de l'angle postéro-dorsal, par sa région antérieure très décurrente inférieurement, par

---

1. LOCARD (A.). — Malacologie des lacs de Tibériade, d'Antioche et d'Homs ; *Archives Muséum Hist. natur. de Lyon ;* III, 1883, pl. XIX [bis], fig. 4 - 7

son bord palléal fortement convexe, par sa région postérieure plus courte, d'une forme toute différente, par ses valves plus convexes, offrant un baillement en arrière du ligament (baillement qui n'existe pas chez la *pseudodopsis* [1]), par ses sommets plus ronds, plus gros et plus saillants » [2]. Je ne puis considérer ces différences comme ayant une valeur spécifique, et c'est tout au plus si l'on peut faire, du *Gabillotia Locardi* Servain, une mutation *curta* du *Gabillotia pseudodopsis* Locard.

D'ailleurs, chez les Gabillotia, comme chez les autres UNIONIDÆ, la forme générale de la coquille varie considérablement avec l'âge. Les jeunes ont des valves beaucoup plus comprimées, une coquille sensiblement plus allongée avec les angles antéro-dorsal et postéro-dorsal plus saillants.

LOCALITÉ :

Lac de Homs.

⁎⁎⁎

Le genre *Gabillotia* n'était jusqu'ici connu, en Syrie, que dans le lac d'Antioche où il avait été découvert par GABILLOT (1880) et retrouvé par E. CHANTRE et L. LORTET.

En dehors des régions que nous étudions ici, on connaît deux Gabillotia en Mésopotamie : les *Gabillotia Opperti* Bourguignat [3] et *Gabillotia euphratica* Bourguignat [4], qui

---

1. Ceci est une erreur. J'ai sous les yeux le type de l'*Anodonta pseudodopsis* Locard, et ce baillement existe parfaitement.

2. SERVAIN (D' G.). — Des Acéphales lamellibranches fluviatiles du système européen ; *Bulletins Soc. malacologique France* ; VII, 1890, p. 296.

3. BOURGUIGNAT (J. R.). — Aménités malacologiques ; 1, 1856, p. 154, pl. 14, fig. 6 et pl. 15, fig. 1. (*Unio Opperti*) ; — et : *Revue et Magasin Zoologie* ; VIII, n° 2, 1856, p. 71, pl. VIII, fig. 6 et pl. IX, fig. 1 (*Unio Opperti*). Le D' C. A. WESTERLUND (*Fauna der paläarct. region Binnenconchylien* ; VII, 1890, p. 182) considère cette espèce comme appartenant au genre *Pseudodon* (*Pseudodon Opperti*).

4. BOURGUIGNAT (J. R.). — *Testacea novissima quæ Cl. de Saulcy in itinere per Orientem annis 1850 et 1851, collegit* ; 1852, p. 28, n° 4 (*Unio Euphraticus*) ; — et *Catalogue raisonné Mollusques terrestres fluviatiles Saulcy Orient* ; 1853, p. 75, pl. IV, fig. 1 - 3.

- 5 -

vivent dans l'Euphrate, notamment aux environs de Bagdad [1].
Une autre espèce, le *Gabillotia Churchilli* Bourguignat [2],
habite l'Anatolie aux environs de Konieh (CHURCHILL) [3].

1. BOURGUIGNAT (J. R.) a *cité*, sans description, sous le nom de
*Pseudodon (Monodontina) babylonica (Matériaux pour servir à
l'histoire des Mollusques Acéphales du système européen ;* 1881, I, p. 4)
un *Gabillotia babylonica* qui devait être décrit dans un ouvrage resté
inédit : *Histoire des Mollusques Acéphales du centre Taurique.* Quelques
planches de cet ouvrage ont été tirées, mais non distribuées. Sur
l'une d'elles, non numérotée, cette coquille est représentée, fig. 1-4,
en compagnie d'un *Gabillotia pachyolena* Bourguignat (fig. 5) également-
ment *cité*, en 1881 *(loc. supra cit.* I, 1881, p. 4) sous le nom de
Pseudodon (Monodontina) pachyolenus. En 1870, J. R. BOURGUIGNAT
avait déjà *cité* ces coquilles, en les rapportant au genre *Alasmodonta*
(Aperçu sur la faune malacologique du Bas Danube; *Annales de Malacologie* I, avril 1870, p. 75 : *Alasmodonta babylonica* Bourguignat et
Alasmodonta pachyolena Bourguignat) et en y ajoutant une nouvelle
espèce : *Alasmodonta piesta* Bourguignat. Ces trois formes, qui vivent
également dans l'Euphrate, sont synonymes du *Gabillotia euphratica*
Bourguignat.

2. BOURGUIGNAT (J. R.). — Aménités malacologiques ; II, 1857, p. 35,
pl. 2, fig. 1-4 *(Unio Churchillianus)* ; — et : *Revue et Magasin de
Zoologie ;* 1857, n° 1, p. 18, pl. II, fig. 1-4 *(Unio Churchillianus).* Le
Monocondylaea rhomboidea Lea [*Proceed. Academy of Natural Sciences
of Philadelphia ;* III, 1859, p. 117; — *Journal of Academy of Natural
Sciences of Philadelphia ;* IV, 1860, p. 263, pl. XLII, fig. 143; — et
Observations on the genus Unio ; VII, 1860, p. 81, pl. XLII, fig. 143]
est synonyme.

3. En 1912, le Dʳ W. KOBELT a créé, pour les *Gabillotia* de la série
de l'*euphratica*, le nouveau genre *Pseudodontopsis* [KOBELT, in :
ROSSMASSLER, *Iconographie der Land- und Süsswasser-Mollusken ;* n. f.;
XIX, 1912, p. 3]. Il a figuré les diverses formes connues sous les
noms de : *Pseudodontopsis churchilliana* Bourguignat *(loc. supra cit. ;*
p. 1, taf. DXI, fig. 2686), *Pseudodontopsis euphratica* Bourguignat
(loc. supra cit. ; p. 2, taf. DXI, fig. 2687 , *Pseudodontopsis babylonica*
(Bourguignat) Kobelt *(loc. supra cit. ;* p. 4, taf. DXII, fig. 2688-2689),
Pseudodontopsis piestius (Bourguignat) Kobelt *(loc. supra cit. ;* p. 5,
taf. DXIII, fig. 2690-2691), et *Pseudodontopsis Opperti* Bourguignat
(loc. supra cit. ; p. 6, taf. DXIV, fig. 2692).

Genre LEGUMINAIA Conrad, 1865 [1].

Le genre *Leguminaia* est caractérisé par une coquille ressemblant extérieurement à celle des **Margaritana**, mais qui en diffère par une charnière sans dents ni lamelles. Sur chaque valve on observe, à la place des dents cardinales, un simple tubercule mousse, le tubercule de la valve droite étant toujours antérieur à celui de la valve gauche [2]. L'animal possède des lamelles branchiales réunies sur le dos, les internes non adhérentes à la masse viscérale, les externes soudées au manteau sur toute leur longueur.

Les *Leguminaia* remplacent les *Margaritana* dans les régions méridionales de l'Europe et dans l'Asie-Antérieure. On les connaît depuis la Mésopotamie, la Syrie et l'Anatolie jusqu'à l'Italie, en passant par la Turquie d'Asie, la Carniole et l'Illyrie [3]. Les espèces de la Syrie et de la Palestine sont peu nombreuses ; je vais maintenant les passer rapidement en revue.

1. CONRAD (T. A.). — Remarks on the genera *Monocondylæa* d'Orb., and *Pseudodon* Gould, with a synopsis of the latter ; *American Journal of Conchology* ; I, 1865, p. 233. [= *Microcondylæa* Vest, Über *Margaritana bonelli* Fer., *Verh. Mitth. Sieb.* ; 1866, p. 201 ; = *Microcondylus* Drouët, Unionidae nouveaux ou peu connus ; *Journal de Conchyliologie* ; XXVII, 1879, p. 137].

2. Les Margaritanes ont, au contraire, les dents cardinales disposées comme chez les *Unios*.

3. Parmi les espèces européennes on peut citer les *Leguminaia uniopsis* de Lamarck [*Hist. natur. Animaux sans Vertèbres* ; VI, 1819, p. 86 (*Anodonta uniopsis*)], du centre et du sud de l'Europe ; *Leguminaia Moreleti* Drouët [*Journal de Conchyliologie* ; 1879, p. 139, n° 2 ; (*Microcondylus Moreleti*)] ; *Leguminaia squamosa* Drouët [*loc. supra cit.* ; 1879, p. 139, n° 3 ; (*Microcondylus squamosus*)] ; *Leguminaia gibbosa* Drouët [*loc. supra cit.* ; 1879, p. 140, n° 5 (*Microcondylus gibbosus*)] d'Italie ; etc.

Sous-Genre LEGUMINAIA sensu stricto.

Leguminaia (Leguminaia) mardinensis Lea [1].

Leguminaia (Leguminaia) tripolitana Bourguignat.

Unio tripolitanus Bourguignat, *Testacea novissima Saulcy Orient.;* 1852, p. 28, n° 3; et : *Catalogue rais. Mollusques terr. fluv. Saulcy Orient;* 1853, p. 75, taf. IV, fig. 12-12 a; — *Leguminaia tripolitana* Simpson, *A Descriptive Catalogue Naïades;* (publ. par BRYANT WALKER); part I. p. 447.

Fig. 1. — *Leguminaia (Leguminaia) tripolitana* Bourguignat.

Aïntab.

Cotype de l'auteur. (Collections du Muséum national d'Histoire naturelle de Paris).

Grandeur naturelle.

Cette espèce, qui n'est peut-être qu'une variété de la précédente, a été découverte par OLIVIER aux environs de Tripoli, de Syrie. Je donne (fig. 1, dans le texte), une figuration d'un cotype de l'auteur, conservé dans les collections du Muséum national d'Histoire naturelle de Paris.

Leguminaia (Leguminaia) Wheatleyi Lea.

Leguminaia (Leguminaia) Saulcyi Bourguignat.

Unio Saulcyi Bourguignat, *Testacea novissima Saulcy Orient.;* 1852,

---

1. Je ne donne pas d'indications bibliographiques pour les espèces dont il sera question plus loin.

p. 27, n° 1 ; et : *Catalogue rais. Mollusques terr. fluv. Saulcy Orient ;* 1853, p. 74, pl. III, fig. 1 - 3. — *Leguminaia Saulcyi* Simpson, *A Descriptive Catalogue Naïades* (publ. par Bryant Walker) ; part 1, p. 448.

La figuration donnée par J. R. Bourguignat fait songer à certaines variétés du *Leguminaia mardinensis* Lea, chez lesquelles les bords supérieur et inférieur de la coquille sont presque parallèles.

Le *Leguminaia Saulcyi* Bourguignat, vit aux environs de Jaffa, en Syrie [Cl. de Saulcy].

Leguminaia (Leguminaia) Michoni Bourguignat.

Unio Michonii Bourguignat, *Testacea novissima Saulcy Orient. ;* 1852, p. 27, n° 2 ; et : *Catalogue rais. Mollusques terr. fluv. Saulcy Orient ;* 1853, p. 74, pl. III, fig. 10 - 12. — *Leguminaia Michonii* Simpson, *A Descriptive Catalogue Naïades* (publ. par Bryant Walker) ; part 1, p. 449.

Cette coquille, recueillie avec le *Leguminaia Saulcyi* Bourguignat, dans les cours d'eau des environs de Jaffa (Syrie), n'en est probablement que la forme jeune. Son test est, en effet, fragile, recouvert d'un épiderme verdâtre, radié « postérieurement de zones d'un vert éclatant », et les stries d'accroissement sont fines et délicates comme on l'observe toujours chez les jeunes Nayades.

Sous-Genre PSEUDOLEGUMINAIA Germain.

Leguminaia (Pseudoleguminaia) Chantrei Locard.

⁎⁎

§ 1. — LEGUMINAIA sensu stricto.

Leguminaia (Leguminaia) mardinensis Lea.

Pl. XXII, fig. 1 et 5 et pl. XXIII, fig. 7.

1864. *Monocondylæa mardinensis* Lea, *Proceed. Academy natur. sciences of Philadelphia ;* VIII, p. 286.

— 9 —

1865. *Leguminaia mardinensis* Conrad, *American Journal of Conchology;* I, p. 233.

1869. *Monocondylæa mardinensis* Lea, *Journal Academy Natur. Sciences of Philadelphia;* VI, p. 252, pl. XXX, fig. 67.

1869. *Monocondylæa mardinensis* Lea, *Observat. on the genus Unio;* XII, p. 12, pl. XXX, fig. 67

1870. *Margaron (Monocondylæa) mardinensis* Lea, *Synopsis of Naïades*, p. 73.

1874. *Margaritana mardinensis* Martens. *Vorderasiatische Conchylien;* p. 69.

1876. *Margaritana mardinensis* Clessin, in : Martini et Chemnitz, *Systemat. Conchylien-Cabinet;* p. 266, taf. LXXXIII, fig. 1-2.

1883. *Leguminaia mardinensis* Locard, *Malacologie lacs Tibériade, Antioche et Homs ;* p. 56 et 82.

1883 *Leguminaia Chantrei* Locard, *Malacologie lacs Tibériade, Antioche et Homs;* p. 56, pl. XIX [bis], fig. 8-10.

1883. *Leguminaia Bourguignati* Locard, *Malacologie lacs Tibériade, Antioche et Homs;* p. 56, pl. XIX [bis], fig. 11-13.

1889. *Leguminaia mardinensis* Blanckenhorn, *Nachrichtsblatt d. Deutschen Malakozoolog. Gesellschaft;* p. 81 et 89.

1889. *Leguminaia Bourguignati* Blanckenhorn, *Nachrichtsblatt d. Deutschen Malakozoolog. Gesellschaft;* p. 83 et 89.

1889. *Leguminaia Chantrei* Blanckenhorn, *Nachrichtsblatt d. Deutschen Malakozoolog. Gesellschaft;* p. 89.

1890. *Monocondylæa mardinensis* Paëtel, *Catalog. d. Conchylien-Sammlung;* III, p. 173.

1890. *Monocondylæa Chantreyi* Paëtel, *Catalog. d. Conchylien-Sammlung;* III, p. 174.

1890. *Leguminaia mardinensis* Westerlund, *Fauna der paläarct. region Binnenconchylien;* VII, p. 188.

1890. *Leguminaia Chantrei* Westerlund, *Fauna der paläarct. region Binnenconchylien;* VII, p. 189.

1890. *Leguminaia Bourguignati* Westerlund, *Fauna der paläarct. region Binnenconchylien ;* VII, p. 189.

1893. *Leguminaia mardinensis* Kobelt, in : Rossmässler, *Iconographie der Land- und Süsswasser-Mollusken;* n. f.; VI, p. 92, taf. CLXXVII, fig. 1122-1123.

1895. *Leguminaia Chantrei* Rolle et Kobelt, in : Rossmässler, *Iconographie der Land- und Süsswasser-Mollusken;* 1er suppl. band ; p. 23, taf. IV, fig. 3.

2

1900. *Leguminaia mardinensis* Simpson, Synopsis of Naïades; *Proceed. Unit. st. national Museum;* XXII, p. 651.

1900. *Leguminaia mardinensis* var. *Chantrei* Simpson, Synopsis of Naïades, *Procced. Unit. st. national Museum;* XXII, p. 651.

1912. *Leguminaia* (?) *bourguignati* Kobelt, in : Rossmässler, *Iconographie der Land- und Süsswasser-Mollusken;* n. f.; XIX, p. 9, taf. DXVI, fig. 2695.

1913. *Leguminaia (Leguminaia) mardinensis* Germain, *Bulletin Muséum Hist. natur. Paris;* XIX, p. 470, nᵒ 2.

1914. *Leguminaia mardinensis* Simpson, *A Descriptive Catalogue Naïades* (publ. par BRYANT WALKER), part I, p. 445.

Voici une des espèces les plus répandues dans le lac de Homs et une de celles constituant, avec l'*Unio terminalis* Bourguignat, et le *Corbicula fluminalis* Müller, la base de la faune des Acéphales de ce lac.

Le *Leguminaia mardinensis* est, de plus, une Nayade extrêmement polymorphe. Si l'on se reporte à la figure et à la description orignales de LEA, on constate que ce *Leguminaia* est une coquille assez régulièrement elliptique-allongée, peu renflée, avec un maximum de bombement voisin des sommets. Sa région antérieure est courte, arrondie, tandis que sa région postérieure, environ deux fois et demie aussi longue, est terminée par un rostre tout à fait inférieur et tronqué. Le bord inférieur est largement sinueux; enfin, d'après la figuration de l'auteur américain, la taille atteint 79 millimètres de longueur pour 39 3/4 millimètres de hauteur maximum et 24 millimètres d'épaisseur maximum.

Mais ce type ainsi défini est susceptible de variations considérables portant sur toutes les parties de l'animal. J'ai eu à ma disposition, pour étudier ce polymorphisme, *plusieurs centaines d'individus recueillis dans le lac de Homs.* J'insiste beaucoup sur ce fait qui a bien son importance car si je considère certaines espèces comme synonymes, je ne le fais qu'en présence d'un matériel considérable, recueilli dans des conditions parfaitement définies et permettant de poser des conclusions certaines.

Il est tout d'abord possible d'isoler des formes paraissant bien distinctes :

L'une [pl. XXII, fig. 1] est une coquille très allongée (80 millimètres de longueur maximum pour 44 millimètres de hauteur maximum), plus ou moins subquadrangulaire, avec une région postérieure deux fois et demie aussi longue que l'antérieure et des bords supérieur et inférieur sub-parallèles.

L'autre [pl. XXII, fig. 5] est, au contraire, une forme particulièrement courte. C'est ainsi qu'un exemplaire ne

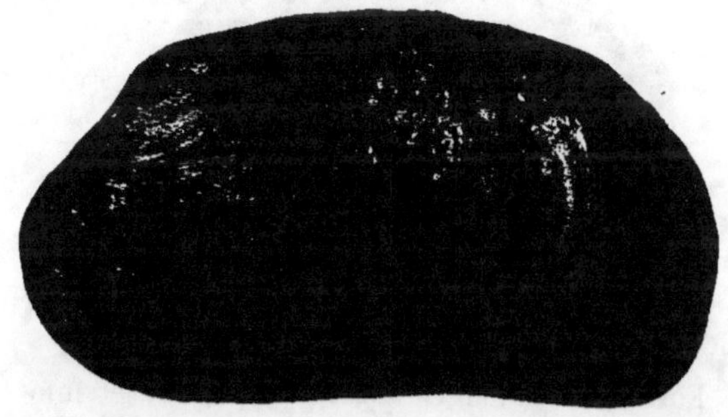

Fig. 2. — *Leguminaia (Leguminaia) mardinensis* Lea.

Lac de Homs. (Récoltes HENRI GADEAU DE KERVILLE).

Grandeur naturelle.

mesure que 56 millimètres de longueur totale pour 40 1/2 millimètres de hauteur maximum. Si l'on ramenait cette hauteur maximum à 44 millimètres, comme dans le cas précédent, on obtiendrait, pour la longueur totale, 60,8 millimètres, soit une différence en moins de près de 20 milli-mètres. De plus, le galbe de la coquille devient vaguement cunéiforme par suite de l'allure de la région postérieure qui prend, en hauteur, un développement considérable, les bords supérieur et inférieur étant ici très divergents. Le bord inférieur est toujours largement sinueux ; quant au rostre, il est brusquement et très largement tronqué verticalement.

Ces deux formes paraissent très distinctes et nul doute que, trouvées isolément, en petit nombre, elles eussent constitué, pour beaucoup d'auteurs, des espèces parfaitement séparées. Il m'est impossible d'avoir une telle opinion, pouvant suivre tous les intermédiaires entre ces deux types.

Fig. 3. — *Leguminaia (Leguminaia) mardinensis* Lea.

>Forme très allongée à bords supérieur et inférieur subparallèles.

>Lac de Homs. (Récoltes Henri Gadeau de Kerville).

>Grandeur naturelle.

Mais, avant d'étudier plus en détail le polymorphisme du *Leguminaia mardinensis* Lea, je vais présenter un tableau indiquant, en millimètres, les principales dimensions d'un assez grand nombre de spécimens.

Numéros des Échantillons	Longueur maximum	Hauteur maximum	A millimètres des sommets	Épaisseur maximum
1.....	51 ᵐᵐ.	33 1/2 ᵐᵐ.	17 1/2 ᵐᵐ.	22 ᵐᵐ
2.....	53 —	35 —	19 —	23 —
3.....	54 1/2 —	38 1/2 —	17 —	23 1/2 —
4	56 —	40 1/2 —	25 —	29 1/2 —
5.....	56 —	38 —	18 —	24 1/2 —
6.....	56 1/2 —	39 —	16 —	26 —
7. ...	57 1/2 —	39 —	21 —	24 —
8.....	59 1/2 —	42 —	17 —	27 3/4 —
9.....	60 —	38 —	17 —	26 1/2 —
10.. ..	61 —	37 —	20 —	26 1/2 —
11	63 —	44 —	26 —	27 —
12....	63 1/2 —	37 —	16 —	27 —
13. ...	63 1/2 —	38 —	17 —	24 —
14....	64 —	40 —	22 —	25 1/2 —
15	64 —	43 1/2 —	29 —	28 —
16.....	64 —	39 —	20 —	27 1/2 —
17.....	64 —	36 —	21 —	26 —
18	64 —	41 —	17 —	26 —
19.....	64 —	41 —	22 1/2 —	26 —
20 ...	64 1/2 —	39 —	19 —	30 1/2 —
21.....	64 1/2 —	41 —	16 1/2 —	25 3/4 —
22.....	65 —	40 —	18 —	27 —
23	65 —	43 —	27 —	29 —
24 ...	65 —	40 1/2 —	26 1/2 —	26 1/2 —
25.. ..	65 —	40 —	19 —	27 1/2 —
26. ...	66 —	37 —	20 —	27 —
27.....	66 —	42 —	22 —	29 —
28....	66 —	38 —	18 —	25 —
29 ...	66 1/2 —	38 1/2 —	23 —	25 1/2 —
30.. .	67 1/2 —	41 1/2 —	22 —	28 1/2 —
31....	68 —	41 —	22 1/2 —	28 —
32	69 —	41 —	26 —	26 —
33.....	70 —	43 1/2 —	23 —	26 —
34	71 —	44 —	30 —	30 —
35.....	71 —	43 —	21 —	27 1/2 —
36.... .	72 —	41 —	26 —	27 —
37.....	72 —	43 —	28 —	29 —
38.....	80 —	44 —	26 —	32 —

L'examen de ce long tableau permet de constater :

1° La variabilité de l'épaisseur maximum de la coquille pour une même longueur totale. C'est ainsi que les échantillons 20 et 21 ont la même longueur totale : 64 1/2 millimètres, mais le n° 20 a 30 1/2 millimètres d'épaisseur maximum, tandis que le n° 21 n'a que 25 3/4 millimètres d'épaisseur maximum. Il existe donc des mutations *ventricosa* et *compressa* plus ou moins nettes reliées d'ailleurs par tous les intermédiaires ;

2° La variabilité de la hauteur maximum pour une même longueur totale. Ainsi, pour une même hauteur maximum de 39 millimètres, le spécimen 16 atteint 64 millimètres de longueur, le n° 6, 56 1/2 millimètres, le n° 7, 57 1/2 millimètres, etc... Pour une même hauteur maximum de 41 millimètres, le n° 19 a 64 millimètres de longueur totale, tandis que le n° 21, a 64 1/2 millimètres, le n° 31, 68 millimètres, le n° 32, 69 millimètres et que le n° 36 atteint jusqu'à 72 millimètres. Il y a donc des mutations *curta*, *elongata*, etc... d'ailleurs associées souvent aux mutations *ventricosa*, *compressa*, etc... ;

3° La variabilité considérable de la place occupée par la hauteur maximum de la coquille : ainsi, pour une même hauteur maximum de 43 ou 43 1/2 millimètres, cette hauteur se place à 21 millimètres des sommets chez le spécimen n° 35 ; à 23 millimètres des sommets chez le n° 33 ; à 27 millimètres chez le n° 23 ; à 28 millimètres chez le n° 37 ; à 29 millimètres chez le n° 15 ; etc... Ce fait tient à la forme extrêmement variable de la région postérieure dont je vais dire maintenant quelques mots.

La région antérieure reste sensiblement constante ; quant à la région postérieure, elle est tantôt presque régulièrement semi-elliptique (*Leguminaia Chantrei* Locard [1]) tantôt particulièrement courte mais très élevée, terminée par un rostre brusquement tronqué, à profil camard, et placé très bas.

1. Voir, au sujet de cette coquille, p. 21.

Chez quelques rares spécimens, la forme devient elliptique arrondie et rappelle absolument certaines formes de l'*Unio semirugatus* de Lamarck. Il y a là un phénomène de convergence qu'il était intéressant de signaler.

Le bord inférieur de la coquille est, le plus souvent, nettement sinueux en son milieu (pl. XXII, fig. 1). Cette sinuosité peut devenir beaucoup plus considérable ou subir une très notable réduction (pl. XXIII, fig. 7). Il en résulte des mutations *subrecta*, *subsinuata*, *sinuata* ou *persinuata* reliées par d'insensibles passages.

Le bord supérieur est normalement subconvexe dans une direction ascendante. Il est parfois presque rectiligne.

Notablement divergents, les bords supérieur et inférieur peuvent devenir très divergents, ce qui donne à la coquille un aspect plus ou moins cunéiforme (pl. XXII, fig. 5), ou rester subparallèles, ce qui rend la coquille elliptique ou ovalaire (fig. 3, dans le texte).

Les variations de la charnière sont peu sensibles. Seules, les dents antérieures, toujours rudimentaires d'ailleurs, sont un peu plus saillantes chez quelques individus. Le ligament est fort, saillant, robuste, d'un marron brillant. Les empreintes musculaires sont profondes et le sinus palléal toujours nettement indiqué.

Le test est épais, solide, pesant, rappelant un peu l'aspect de celui des *Spatha*. Il est toujours recouvert d'un épiderme sombre d'un brun marron foncé, souvent presque noir inférieurement, s'éclaircissant vers les sommets qui sont parfois d'un gris verdâtre. Ces sommets sont, le plus généralement, largement excoriés et l'excoriation s'étend, chez les vieux individus, jusqu'au milieu des valves. Les jeunes ont, près des sommets, des rides irrégulières et médiocrement développées. Elles sont peu visibles chez les adultes qui ont des stries grossières, inégales, très serrées dans le bas où elles deviennent fortement lamelleuses. Cette apparence lamelleuse est surtout sensible postérieurement, où les stries sont tellement saillantes qu'elles offrent, chez quelques spécimens, *un aspect étagé* tout à fait curieux (pl. XXIII, fig. 7).

Enfin la nacre, très finement granuleuse, toujours bien irisée, présente des coloris variés, blanc bleuâtre, gris bleuâtre (c'est le cas le plus fréquent), bleu légèrement plombé, rosé saumoné ou, plus rarement, violet intense.

Après les détails donnés précédemment, il me suffira de quelques mots pour montrer que les coquilles décrites par A. Locard sous les noms de *Leguminaia Chantrei* et *Leguminaia Bourguignati* ne peuvent être séparées du *Leguminaia mardinensis*.

Le *Leguminaia Chantrei* (fig. 4, dans le texte) se distingue, dit Locard, par sa taille plus grande et par sa région postérieure « développée sous la forme d'un long rostre tout à fait inférieur ». Or, Locard donne à sa coquille une

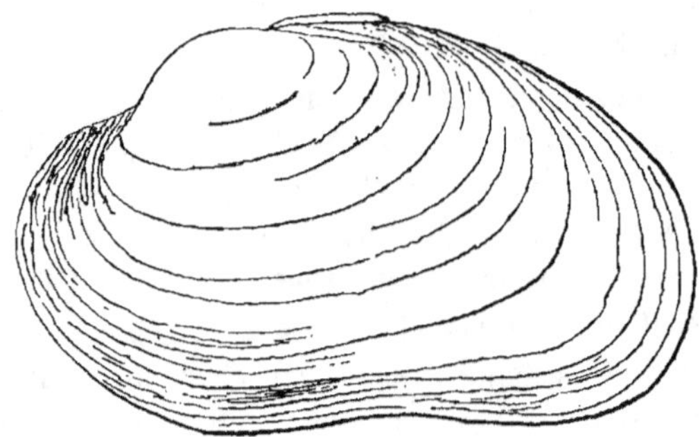

Fig. 4. — *Leguminaia (Leguminaia) Chantrei* Locard.

D'après A. Locard, *Malacologie lacs Tibériade, Antioche et Homs;* 1883, pl. XIX [bis], fig. 8.

longueur de 75 millimètres, et le *type* du *Leguminaia mardinensis* décrit par Lea atteint 79 millimètres de longueur! Quant à la forme du rostre, nous avons vu précédemment ce qu'il en fallait penser : je rappelle seulement que la *forme de coquille* nommée *Chantrei* (fig. 4, dans le texte), est reliée insensiblement au type.

Le *Leguminaia Bourguignati* (fig. 5, dans le texte), est une forme un peu plus petite (72 millimètres de longueur), caractérisée par « son galbe plus régulièrement elliptique ; par sa région postérieure plus largement épanouie, plus arrondie, moins rostrée, et avec son rostre plus médian ; enfin, par son bord palléal [inférieur] plus droit et surtout beaucoup moins subsinueux ». Cette *forme de coquille*, sans

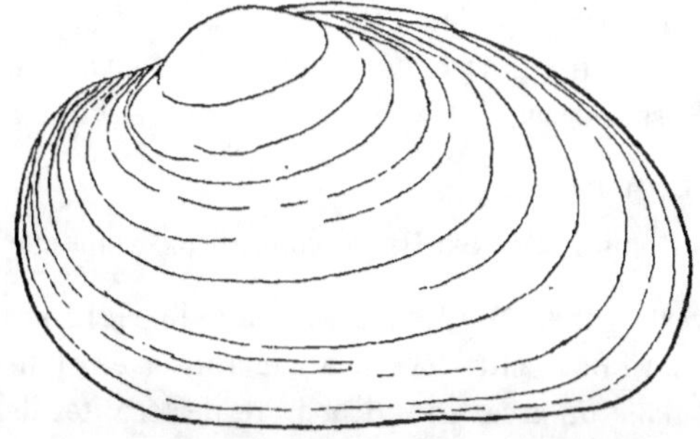

Fig. 5. — *Leguminaia (Leguminaia) Bourguignati* Locard.

D'après A. Locard, *Malacologie lacs Tibériade Antioche et Homs;* 1883, pl. XIX [bis], fig. 11.

être fréquente, se rencontre au milieu du type : elle varie d'ailleurs quant à son épaisseur maximum (mutations *ventricosa* et *compressa*) et à ses dimensions. Je figure un spécimen qui peut être considéré comme typique (fig. 3, dans le texte). Il est relié au type par tous les intermédiaires, aussi bien dans la direction des individus *curta* que dans la direction des spécimens *elongata*.

Enfin, il me semble probable que le *Leguminaia tripolitana* Bourguignat[1], n'est qu'une variété locale du

1. Bourguignat (J. R.). — *Testacea noviss. Cl. Saulcy Orient.;* 1852, p. 28; et : *Catalogue rais. Mollusques terr. fluv. Saulcy Orient.;*

3

Leguminaia mardinensis Lea. En l'absence de tout matériel de comparaison, je ne fais qu'indiquer ce rapprochement.

Les jeunes coquilles de *Leguminaia mardinensis* Lea
ont une forme assez régulièrement elliptique qui devient de
plus en plus irrégulière à mesure que l'animal avance en
âge. L'étude des stries d'accroissement permet de s'en
rendre compte. D'abord subparallèles, ces stries toujours
très serrées à la région antérieure, divergent de plus en plus
vers la région inféro-postérieure pour remonter brusquement vers le bord supérieur. Il en résulte cette apparence si
spéciale du rostre qui a été figuré par KOBELT[1] dans les
suites à ROSSMASSLER.

LOCALITÉ :

Lac de Homs [Récoltes HENRI GADEAU DE KERVILLE].

Découverte par C. M. WHEATLEY, dans le Tigre aux environs de Mardine, cette espèce a été retrouvée dans l'Euphrate et dans un assez grand nombre de localités de l'Asie
Mineure. En Syrie, elle vit dans l'Oronte [E. CHANTRE][2],
dans le lac d'Antioche [J. R. BOURGUIGNAT, E. CHANTRE,
L. LORTET, P. HESSE, etc...] et, en très grande abondance,
dans le lac de Homs.

Le Docteur W. KOBELT vient de publier, sous le nom de
Leguminaia Naegelei[3], une variété de cette espèce, prin-

1853, p. 75, pl. IV, fig. 12-12 a (*Unio tripolitanus*). Cette coquille
a de nouveau été figurée par CLESSIN, (S.) in : MARTINI et CHEMNITZ,
[*Systemat. Conchylien-Cabinet*; 1876, p. 265, taf. LXXXV, fig. 6-7
(*Margaritana tripolitana*)].

1. KOBELT (Dr W.), in : ROSSMASSLER. — *Iconographie der Land- und
Süsswasser-Mollusken*; n. f.; XIX, 1912, p. 7, taf. DXV, fig. 2693.

2. On retrouve même cette espèce fossile dans les formations des
bords de l'Oronte [BLANCKENHORN. — Beitrag zur Kenntniss der Bin-
nenconchylien-Fauna von Mittel- und Nord-Syrien; *Nachrichtsblatt
d. Deutschen Malakozoolog. Gesellschaft*; 1889, p. 81].

3. KOBELT (Dr W.), in : ROSSMASSLER. — *Iconographie der Land- und
Süsswasser-Mollusken*; n. f.; XIX, 1912, p. 9, taf. DXV, fig. 2693
[*Leguminaia (mardinensis* var.) *naegelei n. sp.*].

cipalement caractérisée par le grand développement de sa région postérieure. Cette variété habite le Tigre aux environs de Mossoul (Mésopotamie).

Leguminaia (Leguminaia) Wheatleyi Lea.

Fig. 6, dans le texte.

1862. *Monocondylæa Wheatleyi* Lea, *Proceed. Academy natur. sciences of Philadelphia*; VI, p. 176.

1863. *Monocondylæa Wheatleyi* Lea, *Journal Academy natur. sciences of Philadelphia*; V, p. 400, pl. I, fig. 307.

1863. *Monocondylæa Wheatleyi* Lea, *Observat. on the genus Unio*; X, p. 34. pl. I, fig. 307.

1865. *Pseudodon Wheatleyi* Conrad, *American Journal of Conchology*; I, p. 233.

1870. *Margaron (Monocondylæa) Wheatleyi* Lea, *Synopsis of Naïades*; p. 72.

1875. *Margaritana Wheatleyi* Martens, *Vorderasiatische Conchylien*; p. 69.

1875. *Margaritana Wheatleyi* Clessin in : Martini et Chemnitz, *Systemat. Conchylien-Cabinet*; p. 259, taf. LXXXI, fig. 1 - 2.

1883. *Leguminaia Wheatleyi* Locard, *Malacologie lacs Tibériade, Antioche et Homs*; p. 59 et p. 82.

1889. *Leguminaia Wheatleyi* Blanckenhorn, *Nachrichtsblatt d. Deutschen Malakozoolog. Gesellschaft*; p. 90.

1890. *Mycrocondylæa Wheatleyi* Paëtel, *Catalog. d. Conchylien- Sammlung*; III, p. 175.

1890. *Leguminaia Wheatleyi* Westerlund, *Fauna der paläarct. region Binnenconchylien*; VII, p. 189.

1900. *Leguminaia Wheatleyi* Simpson, Synopsis of Naïades; *Proceed. unit. St. national Museum*; XXII, p. 652.

1912. *Leguminaia Wheatleyi* Kobelt, in : Rossmässler, *Iconographie der Land- und Süswasser-Mollusken*; n. f., XIX, p. 16, taf. DXX, fig. 2704 - 2705.

1913. *Leguminaia (Leguminaia) Wheatleyi* Germain, *Bulletin Muséum Hist. natur. Paris*; XIX, p. 470, nᵒ 3.

1914. *Leguminaia Wheatleyi* Simpson, *A Descriptive Catalogue of Naïades* (publ. par Bryant Walker); Part 1, p. 447.

Assez commune dans le lac de Homs, mais beaucoup moins cependant que le *Leguminaia mardinensis* Lea, cette espèce s'en distingue :

Par sa forme beaucoup plus régulièrement elliptique, bien plus comprimée ; par sa région antérieure mieux arrondie ; par sa région postérieure ovalaire terminée par un rostre arrondi et submédian — et non brusquement tronqué et inférieur comme chez le *Leguminaia mardinensis* Lea — ; par son bord supérieur longuement et régulièrement subconvexe ; par son bord inférieur toujours bien convexe et non plus ou moins sinueux ; enfin par son test plus mince, plus fragile, non pesant, recouvert d'un épiderme plus clair et orné de stries beaucoup plus délicates.

Le test des exemplaires recueillis par Henri Gadeau de Kerville est d'un brun marron plus ou moins foncé devenant gris verdâtre ou rougeâtre au voisinage des sommets. Les stries sont irrégulières, mais assez fines, un peu délicates,

Fig. 6. — *Leguminaia (Leguminaia) Whealleyi* Lea.

Lac de Homs (Collection A. Locard, au Muséum national d'Histoire naturelle de Paris).

Grandeur naturelle.

quelquefois feuillacées à la base ; les sommets sont ornés de petites rides peu saillantes. Le ligament antérieur est très court et un peu saillant ; le ligament postérieur est robuste, brun marron brillant, long de 18 à 22 et plus rarement 23 millimètres. La nacre, très fortement irisée, est de couleur variable : bleuâtre ou plus ou moins saumonée, mais, le plus souvent, d'un gris légèrement plombé. Elle est toujours très finement granuleuse.

Les impressions musculaires sont fortes ; l'impression palléale est très nettement indiquée, souvent même assez profonde.

La taille varie entre 54 et 57 millimètres de longueur totale pour 33-36 millimètres de hauteur maximum (à 14-16 millimètres des sommets) et 18-21 millimètres d'épaisseur maximum.

Lac de Homs [Récoltes HENRI GADEAU DE KERVILLE].

§ 2. — PSEUDOLEGUMINAIA Germain, 1911.

Pseudoleguminaia Germain, *Bulletin Muséum Hist. natur. Paris ;* Février 1911, p. 67.

Animal et charnière de *Leguminaia* typique ; coquille elliptique ; valves subtransparentes, recouvertes d'un épiderme clair.

Tandis que les *Leguminaia* vrais ont un test rappelant celui des Margaritanes, les *Pseudoleguminaia* ont un test semblable à celui des Anodontes. Ces animaux sont, jusqu'ici, localisés en Syrie où ils vivent dans les lacs d'Antioche et d'Homs.

Leguminaia (Pseudoleguminaia) Chantrei Locard.

Fig. 7-8, dans le texte.

1883. *Pseudodon Chantrei* Locard, *Malacologie lacs Tibériade, Antioche et Homs ;* p. 60, pl. XIX bis, fig. 4-7.

1889 *Pseudodon Chantrei* Blanckenhorn, *Nachrichtsblatt d. Deutschen Malakozoolog. Gesellschaft ;* p. 90.

1890. *Leguminaia Chantrei* Westerlund, *Fauna der paläarct. region Binnenconchylien ;* VII, p. 183.

1900. *Leguminaia Locardi* Simpson, Synopsis of Naïades; *Proceed. unit. St. national Museum*; XXII, p. 653.

1911. *Leguminaia (Pseudoleguminaia) Chantrei* Germain, *Bulletin Muséum Hist. natur. Paris*; p. 67.

1913. *Leguminaia (Pseudoleguminaia) Chantrei* Germain, *Bulletin Muséum Hist. natur. Paris*; XIX, p. 470, n° 7.

1914. *Leguminaia (Pseudoleguminaia) Locardi* Simpson, *A Descriptive Catalogue Naïades* (publ. par Bryant Walker); part I, p. 449.

Coquille de forme générale elliptique assez régulière avec un maximum de bombement voisin des sommets et un peu postérieur; valves légèrement baillantes postérieurement, derrière le ligament; région antérieure bien développée, régulièrement arrondie; région postérieure une fois et demie aussi longue que l'antérieure, non rostrée, arrondie; bord

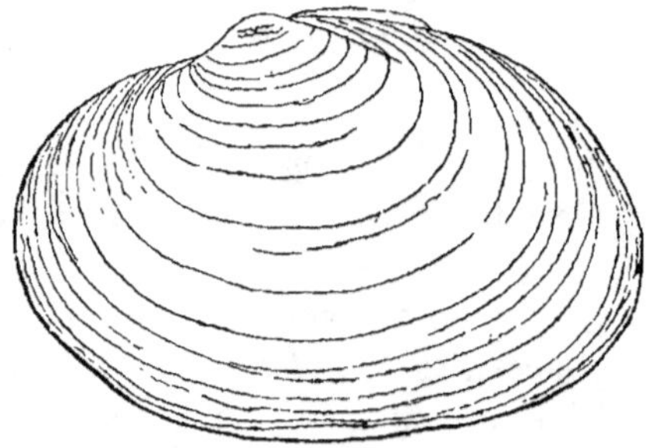

Fig. 7. — *Leguminaia (Pseudoleguminaia) Chantrei* Locard.

D'après A. Locard, *Malacologie lacs Tibériade, Antioche et Homs;* 1883, pl. XIX bis, fig. 4 [= *Pseudodon Chantrei*].

supérieur convexe, légèrement ascendant; bord inférieur convexe ou subrectiligne dans sa partie médiane, longuement arrondi postérieurement; crête dorsale fortement émoussée; sommets submédians, peu saillants, déprimés à leur extrémité, terminés par une pointe fine, un peu aiguë,

recourbée vers la région antérieure ; ligament antérieur
court ; ligament postérieur robuste, médiocrement saillant,
d'un marron fauve très brillant, long de 18 à 21 millimètres ; charnière montrant des dents cardinales très peu
développées, obtuses, celle de la valve gauche plus forte que
celle de la valve droite (fig. 8, dans le texte). Impressions
musculaires : antérieure profonde ; postérieure médiocre ;
palléale superficielle mais bien marquée.

Longueur totale..... 54 ᵐᵐ 58 ᵐᵐ 58 ᵐᵐ 58 ᵐᵐ 57 1/2 ᵐᵐ 61 ᵐᵐ 62 ᵐᵐ
Hauteur maximum.. 34 — 38 — 38 — 37 ÷ 39 — 38 — 40 —
A............... 12 1/2 — 12 — 12 1/2 — 12 3/4 — 12 — 17 — 15 —
des sommets.
Épaisseur maximum. 24 — 22 1/2 — 26 — 23 1/2 — 26 — 25 — 24 1/2 —

Test solide, médiocrement épais, subtransparent, d'un
marron jaunâtre clair, à peine plus foncé à la région postérieure, s'éclaircissant beaucoup près des sommets. La région
voisine des sommets est, suivant les spécimens, d'un marron
très clair, d'un gris rougeâtre ou, plus rarement, d'un gris

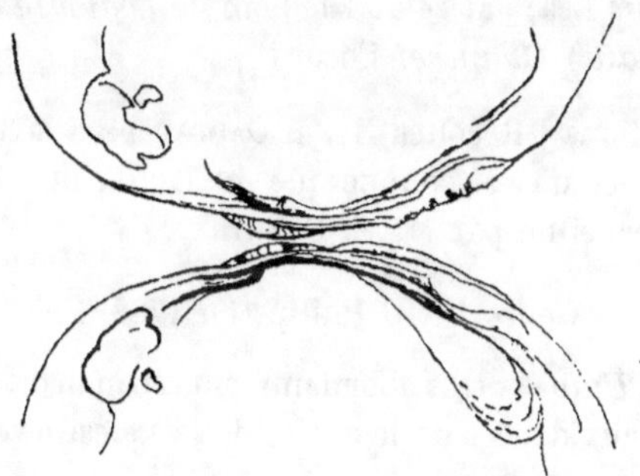

Fig. 8. — *Leguminaia (Pseudoleguminaia) Chantrei*
Locard.

Détail de la charnière.

D'après A. LOCARD, *Malacologie lacs Tibériade,
Antioche et Homs;* 1883, pl. XIX bis, fig. 7
[= *Pseudodon Chantrei*].

verdâtre. Quelques bandes rayonnantes verdâtres et plus ou moins larges ornent parfois la région postéro-médiane. Stries d'accroissement fines, relativement régulières, délicates, à peine accentuées inférieurement, où elles sont légèrement feuillacées. Au voisinage des sommets, les stries forment de petites rides, à peine saillantes mais assez onduleuses. Nacre d'un blanc bleuâtre, très finement chagrinée, quelquefois légèrement saumonée sous les sommets.

Cette espèce est peu variable ; je signalerai seulement une mutation *elongata* chez laquelle la région postérieure prend un plus grand développement. En outre, les bords supérieur et inférieur restent subparallèles. Cette coquille atteint 60 millimètres de longueur totale pour seulement 34 1/2 millimètres de hauteur maximum (à 13 millimètres des sommets) et 23 millimètres d'épaisseur maximum.

C. T. Simpson[1] a cru devoir changer le nom de cette espèce en celui de *Leguminaia Locardi*, parce que A. Locard a décrit, d'autre part, un *Leguminaia Chantrei* ; mais comme cette dernière espèce est synonyme du *Leguminaia mardinensis* Lea, j'ai rétabli le nom de *Leguminaia (Pseudoleguminaia) Chantrei* Locard.

Lac de Homs [Récoltes Henri Gadeau de Kerville].
Cette espèce n'était connue que du lac d'Antioche où elle avait été recueillie par M. E. Chantre.

Genre UNIO Philipsson 1788 [2].

Le genre *Unio* est très abondamment répandu dans presque toutes les eaux douces de la Syrie, de la Palestine et de toute

1. Simpson (C. T.). — Synopsis of the Naiades, or pearly freshwater Mussels; *Proceed. unit. states national Museum;* XXII, p. 653, note 1.

2. Le genre *Unio*, créé par L. M. Philipsson dans sa dissertation inaugurale, a été souvent attribué à A. J. Retzius, le président de thèse. Cependant cette erreur n'aurait pas dû se propager aussi longtemps. La thèse de Philipsson porte le titre suivant :
Dissertatio historico-naturalis |Sistens| nova |TESTACEORUM|

l'Asie Antérieure. Mais si ces animaux vivent en colonies, parfois extrêmement populeuses, ils restent toujours peu nombreux en espèces. Ils se répartissent en deux sous-genres : le sous-genre RHOMBUNIO Germain, qui représente, dans l'Asie Antérieure, les *Unio* de la série de l'*Unio littoralis* Cuvier [1], de l'Europe occidentale ; et le sous-genre *Limnium* Oken, dont les espèces sont peu nombreuses, mais particulièrement polymorphes.

Genera. |Quam| venia ampliss. Facult. philosophicæ |presidæ| D. M. ANDR. J. RETZIO| hist. nat. et Œcon. prof. R. et O. Soc. physiogr. Lund.| Secretar. r. Acad. Scient. svec. R. Soc. patriot. imp. Petrop. |Œcon R. R. Soc. Scient. Dan. et Med. Havn. Acad. Scient |patav. et Mantuan. Soc. educ. Svec. nat. cur. Berol. |Scient. et ee. ll. Gothor. patriot. Hasso - Homb.| Membro et R. Acad. Scient. Taurin. ac Societ. |Œcon. lips corresp.| ad publicum examen defert |LAURENTIUS MÜNTER PHILIPSSON| Scanus. |ad diem X. Decembris MDCCLXXXVIII.| L. H. S. |Lundæ| Typis Berlingianis.

Le genre *Unio* est créé à la page 16 sans aucune ambiguité possible. Cependant C. T. SIMPSON, dans son Synopsis of the Naiades [*Proceedings Unit. St. national Museum; XXII*, 1900, p. 679] attribue encore la paternité du genre *Unio* à J. RETZIUS en s'appuyant sur l'observation suivante (note 1, au bas de la page 679) : « This genus was described in « thesis by Laurentius Münter Philipsson under his master, Retzius, in the University of Lund, Sweden, and it is often credited to the former. I am informed by Professor Job. Chr. Moberg, of Lund, that by a former law or custom of the University the professor was considered the author of all papers which a student under him defended. According to this, Retzius must be credited with the genus. The law was repealed in Lund in 1852 ». Cette raison ne saurait être acceptée car, outre l'injustice qu'elle consacre, elle laisse place à l'arbitraire. La thèse de L. M. PHILIPSSON est l'œuvre de cet auteur et son contenu ne saurait être attribué au président de thèse.

1. CUVIER (G.). — *Tableau élémentaire de l'histoire naturelle des animaux;* Paris, 1798, p. 425. C'est l'*Unio rhomboideus* de MOQUIN-TANDON (*Histoire naturelle des Mollusques terrestres et fluviatiles de France;* II, 1855, p. 568, n° 3, pl. XLVIII, fig. 4 à 9 et pl. XLIX, fig. 1-2) et de la plupart des auteurs français [non *Mya rhomboidea* Schröter, *Die Geschichte der Flussconchylien mit vorzüglicher Rücksicht auf diejenigen welche in den Thüringischen Wassern leben;* 1779, p. 186, Taf. II, fig. 3) qui a été établi sur une valve dépareillée de l'*Unio crassus* Philipsson (*Dissertatio historico-naturalis nova Testaceorum,* etc .., 1788, p. 17).

4

Voici les espèces actuellement connues en Syrie et en Palestine. On peut voir que j'en ai considérablement réduit le nombre. Beaucoup, en effet, n'étaient que des variétés ou des races locales d'espèces très polymorphes et dont la répartition géographique embrasse tout le domaine de l'Asie Antérieure.

Sous-genre RHOMBUNIO Germain, 1911.

§ 1.

Unio (Rhombunio) semirugatus de Lamarck [1].

Je considère les *Unio (Rhombunio) Rollei* Kobelt, *Unio (Rhombunio) tracheae* Rolle et Kobelt, *Unio (Rhombunio) Wagneri* Rolle et Kobelt, *Unio (Rhombunio) halepensis* Kobelt (et sa variété *Cazioti* Kobelt), *Unio (Rhombunio) corbiculiformis* (Bourguignat) Kobelt, *Unio (Rhombunio) babensis* Kobelt, *Unio (Rhombunio) Naegeli* Kobelt, *Unio (Rhombunio) blanchianus* [(Letourneux), Bourguignat] Kobelt, et *Unio (Rhombunio) Dechampsei* Kobelt, dont il sera plus loin question, comme des formes locales de l'*Unio (Rhombunio) semirugatus* de Lamarck.

Unio (Rhombunio) Graeteri Kobelt.

Unio græteri Kobelt, *Nachrichtsblatt d. Deutschen Malakozoolog. Gesellschaft;* 1913, p. 40, — et *Iconographie der Land- und Süsswasser-Mollusken;* n. f., XIX, 1913, p. 23, taf. DXII, fig. 2714.

Cette Mulette, qui atteint 56 millimètres de longueur, 35 millimètres de hauteur maximum et 24 millimètres d'épaisseur maximum, est à l'*Unio semirugatus* de Lamarck, ce que l'*Unio rathymus* Bourguignat [2] est à l'*Unio littoralis*

1. Je ne donne pas ici d'indications bibliographiques pour les espèces dont il sera question dans la suite de ce travail.

2 BOURGUIGNAT (J. R.) in LOCARD (A.). — Prodrome de Malacologie française. Catalogue général des Mollusques vivants de France. Mollusques terrestres, des eaux douces et des eaux saumâtres; 1882, p. 284 et p. 354.

Cuvier. C'est donc une coquille mieux ovalaire‑allongée, avec des bords supérieur et inférieur subparallèles et une région postérieure beaucoup plus développée.

L'*Unio (Rhombunio) Graeteri* Kobelt, vit aux environs d'Alep (Syrie) [Dr GRAETER].

Unio (**Rhombunio**) beroeus Kobelt.

Unio berœus Kobelt, *Nachrichtsblatt d. Deutschen Malakozoolog. Gesellschaft;* 1913, p. 39; — et *Iconographie der Land- und Süsswasser-Mollusken ;* n. f., XIX, 1913, p. 29, taf. DXXIV, fig. 2722; — *Unio semirugatus* Simpson, *A Descriptive Catalogue Naïades;* (publ. par BRYANT WALKER); part II, p. 559 (part).

L'*Unio berœus* Kobelt (longueur : 54 millimètres ; hauteur maximum : 33 millimètres ; épaisseur maximum : 23 millimètres) se rapproche beaucoup de l'espèce précédente dont elle parait être une variété n'en différant que par sa région postérieure. Ces deux *Unio* constituent d'ailleurs d'excellents chaînons reliant l'*Unio semirugatus* de Lamarck, aux *Unio homsensis* Lea, *Unio episcopalis* Tristram, et *Unio Barroisi* Drouët.

L'*Unio berœus* Kobelt vit également aux environs d'Alep (Syrie).

Unio (**Rhombunio**) abrus (Bourguignat) Kobelt.

Unio (Rhombunio) abrus Bourguignat in : Kobelt, *Nachrichtsblatt d. Deutschen Malakozoolog. Gesellschaft;* 1913, p. 41; et *Iconographie der Land- und Süsswasser-Mollusken ;* n. f., XIX, 1913, p. 40, taf. DXVI, fig. 2696; — *Unio semirugatus* Simpson. *A Descriptive Catalogue Naïades;* (publ. par BRYANT WALKER); part II, p. 558 (part.).

Resté manuscrit au Musée de Genève, l'*Unio abrus* Bourguignat, a été décrit et figuré par le Dr W. KOBELT. L'examen attentif de ces documents me fait croire qu'il s'agit ici, non d'une espèce distincte, mais simplement d'un individu anormal de l'*Unio semirugatus* de Lamarck. C'est ce qui explique l'aspect si irrégulièrement trigone de cette coquille

chez laquelle les bords inférieur et supérieur sont particulièrement divergents.

L'*Unio* (*Rhombunio*) *abrus* Bourguignat, a été découvert dans les Nahr-el-Aoudja, près de Jaffa.

Unio (Rhombunio) homsensis Lea.

Unio (Rhombunio) episcopalis Tristram.

Unio episcopalis Tristram, *Proceedings Zoological Society of London;*
1865, p. 544; — *Unio episcopalis* Tristram, *Fauna and Flora of
Palestine;* p. 202, n° 194. Kobelt *in :* Rossmässler, *Iconographie der
Land- und Süsswasser-Mollusken;* n. f., VI, 1893, p. 89, taf. CLXXV,
fig. 1119; Simpson, Synopsis of Naïades; *Proceed. Unit. st. national
Museum;* XXII, 1900, p. 694; Simpson, *A Descriptive Catalogue
Naïades* (publié par Bryant Walker); part II, 1914, p. 562.

Grande et belle espèce de forme générale subquadrangulaire avec une région postérieure terminée par un rostre
court et bien tronqué. La longueur atteint 90 à 100 millimètres, la hauteur maximum 50 à 60 millimètres et l'épaisseur maximum 30 à 35 millimètres. Le test est épais, solide,
pesant, d'un marron très foncé, presque noir. La nacre est
fortement irisée, d'un magnifique violet pourpré.

Cette espèce vit dans le Leonte et l'Oronte (Syrie). [Tris-
tram].

Unio (Rhombunio) Barroisi Drouët.

§ 2.

Unio (Rhombunio) Delesserti Bourguignat.

Unio Delesserti Bourguignat, *Testacea novissima Saulcy itin. Orien-
tem;* 1852, p. 29, n° 6; et *Catalogue raisonné Mollusques terr. fluv.
Saulcy Orient;* 1853, p. 77, pl. III, fig. 7-9; — *Margaron (Unio)
Delesserti* Lea, *Synopsis of Naïades;* 1870, p. 46; — *Unio Delesserti*
Westerlund, *Fauna der paläarct. region Binnenconchylien;* 1870, VII,
p. 172; Simpson, Synopsis of Naïades; *Proceed. Unit. st. national
Museum;* XXII, 1900, p. 692; Kobelt *in* Rossmässler, *Iconographie
der Land- und Süsswasser-Mollusken;* n. f.; XIX, 1913, p. 33, taf.
DXXVII, fig. 2728; Simpson, *A Descriptive Catalogue Naïades* (publ.
par Bryant Walker); 1914, part II, p. 557.

L'*Unio Delesserti* Bourguignat, est une espèce assez longuement et régulièrement ovalaire à sommets proéminents et rugueux ; la charnière présente tous les caractères que l'on rencontre, typiquement, chez les espèces du sous-genre *Rhombunio*. Son test est orné de stries assez fines, médiocrement régulières ; il est recouvert d'un épiderme d'un brun jaunâtre sur lequel se détachent faiblement des radiations brunes de largeur variable. La longueur totale atteint 46 - 49 - 52 millimètres ; la hauteur maximum 29 - 32 à 34 millimètres et l'épaisseur maximum 17 - 19 millimètres.

Cette espèce vit aux environs de Jaffa (Syrie) [F. DE SAULCY].

Unio (**Rhombunio**) **Bruguierei** Bourguignat.

Unio Bruguierianus Bourguignat, *Catalogue raisonné Mollusques terr. fluv. Saulcy Orient ;* 1853, p. 78, pl. II, fig. 54 - 56 ; — *Margaron (Unio) bruguierianus* Lea, *Synopsis of Naïades ;* 1870, p. 46 ; — *Unio bruguierianus* Westerlund, *Fauna der paläarct. region Binnenconchylien;* VII, 1890, p. 172 ; — *Unio bruguierianus* Kobelt, *Iconographie der Land- und Süsswasser-Mollusken;* n. f.; XIX, 1913, p. 39, taf. DXXX, fig. 2737 ; — *Unio Durieui* Simpson, *A Descriptive Catalogue Naïades* (publ. par BRYANT WALKER); part II, 1914, p. 563 (*part.*, non DESHAYES.)

J.-R. BOURGUIGNAT avait d'abord décrit cette espèce sous le nom d'*Unio orientalis*[1], nom qu'il changea l'année suivante parce que I. LEA avait déjà publié un *Unio orientalis*, d'ailleurs très différent, découvert dans l'île de Java[2].

L'espèce syrienne est une coquille assez régulièrement ovalaire, bien qu'un peu tronquée postérieurement, bien allongée, avec des bords supérieur et inférieur subparallèles, le premier à peine arqué, le second subconvexe ; les som-

1. BOURGUIGNAT (J. R.). — *Testacea novissima Cl. de Saulcy itin. Orientem ;* 1852, p. 29, n° 5.

2. LEA (I.). — *Procced. American Philosoph. Society* I, 1840, p. 285 ; *Transactions American Philos. Society* VIII, 1842, p. 221, pl. XVIII, fig. 38 ; et *Observations on the genus Unio;* III, 1842, p. 59, pl. XVIII, fig. 38.

mets, qui sont peu proéminents, sont assez aigus ; la charnière ne présente rien de spécial ; enfin le test, recouvert d'un épiderme d'un brun jaunâtre, obscurément radié, vers la région postérieure, de rayons verts, est orné de stries assez fines et irrégulières. La longueur totale ne dépasse pas 50 millimètres chez les exemplaires bien adultes.

C.-T. Simpson commet une erreur en plaçant l'*Unio* (*Rhombunio*) *Bruguierei* Bourguignat en synonymie de l'*Unio Durieui* Deshayes [1]. Cette dernière espèce, qui habite l'Algérie et la Tunisie, ne vit en aucun point de l'Asie Antérieure.

Primitivement découvert par le voyageur et orientaliste français F. DE SAULCY dans les cours d'eau des environs de Smyrne, l'*Unio Bruguierei* Bourguignat a été retrouvé d'abord à Brousse, puis en divers points du nord de la Syrie.

§ 3.

Unio (**Rhombunio ?**) syriacus Lea.

Unio syriacus Lea, *Proceed. Academy natural sciences of Philadelphia ;* VII, 1863, p. 189 ; — *Journal Academy natur. sciences of Philadelphia ;* VI, 1866, p. 56, pl. XIX, fig. 53 ; — *Observat. on the genus Unio ;* XI, 1867, p. 60, pl. XIX, fig. 53 ; — *Margaron (Unio) syriacus* Lea, *Synopsis of Naïades ;* 1870, p. 35 ; – *Unio syriacus* Westerlund. *Fauna der paläarct. region Binnenconchylien ;* VII, 1890, p. 178 ; — Simpson, Synopsis of Naïades ; *Proceed. unit. st. national Museum ;* XXII, 1900, p. 695 ; — Simpson, *A Descriptive Catalogue Naïades* (publ. par BRYANT WALKER) ; part II, 1914, p. 565.

Cette espèce, découverte dans l'Oronte (Syrie) par le voyageur américain C. M. WHEATLEY, n'a jamais été retrouvée. I. LEA en donne la description suivante :

« Testa sulcata, subelliptica, inflata, valde inæquilaterali ; valvulis subtenuibus, antice incrassatis ; natibus prominen-

---

1. DESHAYES (G. P.). — *Expédition scientifique de l'Algérie ; Histoire naturelle des Mollusques de l'Algérie ;* Atlas (seul paru) 1847, pl. CIX, fig. 5-8.

tibus; tumidis; epidermide tenebroso - olivacea, eradiata;
dentibus cardinalibus parvis, acuminatis, subcompressis, in

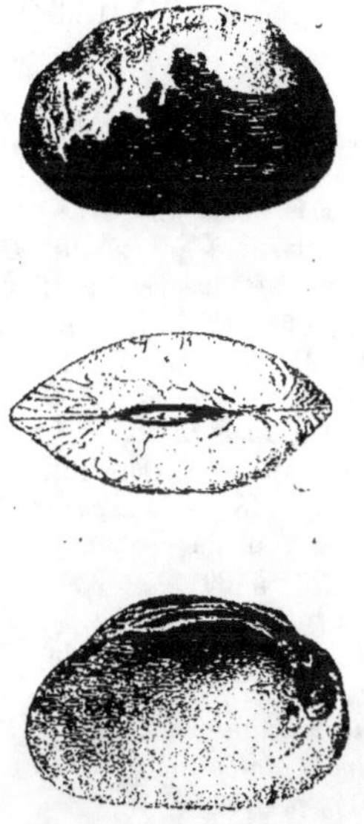

Fig. 9 à 11. — *Unio (Rhombunio ?) syriacus* Lea.

D'aprés I. Lea, *Journal Academy natur. sciences
of Philadelphia ;* VI, 1866, pl. XIX, fig. 53.

utroque valvulo duplicibus ; lateralibus parviusculis, lamel-
latis subcurvisque ; margarita albida et iridescente ».

Cette diagnose a été établie sur un exemplaire unique et
ce type, dit C. T. Simpson, est en assez mauvais état et très
fortement érodé [1]. Cette constatation et l'examen des figures
données par I. Lea, figures reproduites ici, incitent à penser
qu'il s'agit d'un spécimen jeune, d'une espèce indéterminable, appartenant au sous-genre *Rhombunio*. Dans l'état

1. Simpson (C. T.). — Synopsis of the Naïades, or pearly freshwater mussels; *Proceed. unit. st. national Museum ;* XXII, 1900,
p. 695, note 1.

actuel de nos connaissances il y a donc lieu de classer l'*Unio syriacus* Lea, dans les *Incertæ sedis*.

Sous-genre LIMNIUM Oken.

§ 1.

Unio (Limnium) tigridis (de Férussac) Bourguignat.

Unio tigris de Férussac, *mss.*, in : *Mus. Paris ;* — *Unio Tigridis* Bourguignat, *Testacea novissima Saulcy itin. Orientem ;* 1852, p. 30, n° 8 ; — *Catalogue raisonné Mollusques terr. fluv. Saulcy Orient ;* 1853, p. 77, pl. IV, fig. 7-9 ; — Küster, in : Martini et Chemnitz, *Systemat. Conchylien-Cabinet ;* Ed. II, 1861, p. 227, taf. LXXVII, fig. 1 ; — *Unio dignatus* Lea, *Proceed. Academy natural sciences of Philadelphia ;* VII, 1863, p. 189 ; — *Journal Academy natur. sciences of Philadelphia ;* VI, 1866, p. 51, pl. XVII, fig. 48 ; — et *Observat. on the genus Unio ;* XI, 1867, p. 55, pl. XVII, fig. 48 ; — *Margaron (Unio) dignatus* Lea, *Synopsis of Naïades ;* 1870, p. 39 ; — *Margaron (Unio) tigris* Lea, *Synopsis of Naïades ;* 1870, p. 39 ; — *Unio tigridis* Kobelt, in : Rossmässler, *Iconographie der Land- und Süsswasser-Mollusken ;* n. f. ; II, 1886, p. 2, taf. XXXII, fig. 226 ; — Westerlund, *Fauna der paläarct. region Binnenconchylien ;* VII, 1890, p. 173 ; — Simpson, Synopsis of Naïades ; *Proceed. Unit. st. national Museum ;* XXII, 1900, p. 688 ; — Simpson, *A Descriptive Catalogue of Naïades ;* (publ. par BRYANT WALKER) ; part II, 1914, p. 543.

L'*Unio (Limnium) tigridis* (de Férussac) Bourguignat, se rapproche surtout de l'*Unio (Limnium) terminalis* Bourguignat, dont il se sépare par sa forme moins acuminée et plus comprimée, par ses sommets moins antérieurs et par sa charnière plus délicate.

Découvert par le voyageur français G. A. OLIVIER dans les cours d'eau des environs de Bagdad (Mésopotamie), cette espèce est signalée en Syrie, sans indication précise de localité, par Blanckenhorn.

Unio (Limnium) terminalis Bourguignat.

Unio (Limnium) terminalis variété ellipsoideus (Bourguignat) Locard.

Unio (Limnium) herodes Rolle et Kobelt.

Unio herodes Rolle et Kobelt, in : Rossmässler, *Iconographie der Land- und Süsswasser-Mollusken ;* Suppl. Band I, 1895, p. 17, n° 6,

taf. 6, fig. 4; — *Unio ellipsoideus* Simpson, Synopsis of Naïades ;
Proceed. Unit. st. national Museum ; XXII, 1900, p. 690 *(part.) ;* —
Simpson, *A Descriptive Catalogue of Naïades* (publ. par BRYANT
WALKER) ; part II, 1914, p. 551.

Cette Mulette, découverte par H. ROLLE dans le lac de
Tibériade, n'est bien certainement qu'une variété de l'*Unio*
(*Limnium*) *terminalis* Bourguignat, voisine de la variété
ellipsoideus Locard et, plus particulièrement, de la forme

Fig. 12. — *Unio (Limnium) herodes* Kobelt et Rolle.
Lac de Tibériade.

Cotype des auteurs, au Senckenberg Museum, Frankfurt-am-Main.

Grandeur naturelle.

nommée, par A. LOCARD, *Unio antiochianus*[1]. Elle atteint
50 millimètres de longueur, 26 millimètres de hauteur
maximum et 20 millimètres d'épaisseur maximum. L'exemplaire figuré par H. ROLLE et W. KOBELT n'est pas tout à
fait adulte[2].

Unio (**Limnium**) **kuweikensis** Kobelt.

Unio kuweikensis Kobelt, in : Rossmässler, *Iconographie der Land-
und Süsswasser-Mollusken ;* n. f. ; XIX, p. 31, taf. DXXV, fig. 2725 ;
Simpson, *A Descriptive Catalogue Naïades* (publ. par BRYANT WALKER),
part II, 1914, p. 732 *(Inc. sedis).*

1. Voir plus loin, l'article consacré à l'*Unio terminalis* Bourg.

2. Je reproduis ici (fig. 12, dans le texte), le *type* des auteurs qui
m'a été communiqué par le Dr W. KOBELT.

5

Cette Mulette, de forme ovalaire-allongée, longue de 58 millimètres, haute de 31 millimètres et épaisse de 20 millimètres, est une variété locale de l'*Unio* (*Limnium*) *terminalis* Bourguignat, dont elle se distingue surtout par sa région postérieure moins acuminée. Le test, fortement et irrégulièrement strié, est recouvert d'un épiderme jaune verdâtre orné, sur la région postérieure, de radiations vertes.

L'*Unio kuweikensis* Kobelt vit dans les cours d'eau des environs d'Alep (Syrie).

Unio (**Limnium**) **berytensis** Rolle et Kobelt.

Unio (*cilicicus* var.?) *berytensis* Rolle et Kobelt, in : Rossmässler, *Iconographie der Land- und Süsswasser-Mollusken ;* Suppl. Band 1, 1895, p. 13, n° 2, taf. 5, fig. 1-2.

L'*Unio* (*Limnium*) *berytensis* Rolle et Kobelt est la variété syrienne de l'*Unio* (*Limnium*) *cilicicus* Kobelt et Rolle[1], espèce qui paraît très répandue en Asie-Mineure et, notamment, en Cilicie aux environs d'Adana.

M. le Doct. W. Kobelt m'a communiqué le *type* de cette espèce dont voici la description[2].

Coquille ovalaire allongée, médiocrement ventrue, avec

1 Kobelt (W.) et Rolle (H.). — Beiträge zur Molluskenfauna des Orients ; in : Rossmassler (E. A.). — *Iconographie der Land- und Süsswasser-Mollusken ;* n. f., Suppl.-Band 1, 1895, p. 11, n° 1, taf. I, fig. 1 (*Unio cilicicus*). Cette espèce présente de nombreuses variétés ; Rolle et Kobelt décrivent et figurent, dans le travail que je viens de citer, une variété *adanensis* Rolle [*loc. supra cit.* ; 1895, p. 12, taf. 1, fig. 2] habitant les environs d'Adana (Cilicie) ; une variété *jenemterensis* Kobelt et Rolle [*loc. supra cit.* ; 1895, p. 12, taf. I a, fig. 1] vivant à Jenemtere, au nord de la Tarse [*Unio cilicicus* var. *jenemterensis*) ; et, enfin, une variété *subsaccatus* Kobelt et Rolle [*loc. supra cit.* ; 1895, p. 13, taf. 7 a, fig. 3] voisine de la précédente et habitant les mêmes régions (*Unio cilicicus* var. *subsaccatus*).

2. Cet échantillon type fait partie des collections du Senckenberg Museum, à Frankfurt-am-Main.

un maximum d'épaisseur un peu éloigné des sommets, vers
la région postérieure ; valves un peu baillantes antérieurement et postérieurement derrière le ligament ; région
antérieure régulièrement arrondie ; région postérieure très
développée, 2 1/2 fcis aussi longue que l'antérieure, terminée par un rostre subbasal ; bord supérieur subrectiligne
à peine ascendant ; bord inférieur subsinueux ; sommets
antérieurs gros, saillants ; ligament fort, d'un brun-roux
brillant long de 28 millimètres ; charnière robuste. Lon-

Fig. 13. — *Unio (Limnium) berytensis* Rolle et Kobelt.
Beyrouth.

Cotype des auteurs, au Senckenberg Museum, Frankfurt-am-Main.

Grandeur naturelle.

gueur : 75 millimètres ; hauteur maximum : 40 millimètres,
à 12 millimètres des sommets ; épaisseur maximum : 27
millimètres. Test solide, brillant, d'un beau brun-marron
passant au gris vers les sommets, orné de stries inégales,
fines, relativement délicates et de tubercules près des sommets ; nacre saumonée, bleuâtre sur les bords, bien irisée.

Les jeunes ont une coquille plus régulièrement ovalaire-
subelliptique, avec les bords supérieur et inférieur presque
parallèles ; ils possèdent une crête dorsale très nettement

indiquée et qui disparaît complètement lorsque l'animal est adulte.

L'*Unio* (*Limnium*) *berytensis* Rolle et Kobelt, vit aux environs de Beyrouth (H. Rolle).

Unio (Limnium) raymondopsis (Bourguignat) Kobelt.

Unio raymondopsis Bourguignat, in : Kobelt, in : Rossmässler, *Iconographie der Land- und Süsswasser-Mollusken;* n. f.; XIX, 1912, p. 30, taf. DXXV, fig. 2724; et *Nachrichtsblatt d. Deutschen Malakozoolog. Gesellschaft;* 1913, p. 44; — Simpson, *A Descriptive Catalogue Naïades* (publ. par Bryant Walker); part II, 1914, p. 732 *(Inc. sedis)*.

Restée manuscrite dans la collection J. R. Bourguignat, au Muséum d'histoire naturelle de Genève, cette coquille, décrite et figurée par le Doct. W. Kobelt, me paraît très voisine de l'*Unio* (*Limnium*) *berytensis* Rolle et Kobelt dont elle n'est, très probablement, qu'une variété de taille plus faible (longueur maximum : 65 millimètres; hauteur maximum : 35 millimètres; épaisseur maximum : 23 millimètres). Elle provient du Nahr-el-Audsche, aux environs de Jaffa (Syrie).

Unio (Limnium) Grelloisi Bourguignat.

Unio Grelloisianus Bourguignat, *Revue et Mazasin Zoologie;* VIII, 1856, p. 227, pl. XI, fig. 1-4; — *Aménités malacologiques;* I, 1856, p. 165, pl. XVII, fig. 1-4; — *Unio Jordanicus* Bourguignat, *loc. supra cit.;* VIII, 1856, p. 228, pl. X, fig. 1-4; et I, 1856, p. 167, pl. XVI, fig. 1-4; — *Margaron* (*Unio*) *jordanicus* Lea, *Synopsis of Naïades;* 1870, p. 44; — *Unio Grelloisianus* Locard, *Malacologie lacs Tibériade, Antioche et Homs;* 1883, p. 20; et *Unio Jordanicus* Locard, *loc. supra cit.;* 1883, p. 18; — *Unio Grelloisianus* Westerlund, *Fauna der paläarct. region Binnenconchylien;* VII, 1890, p. 140 et p. 173; — *Unio Jordanicus* Westerlund, *loc. supra cit.;* VII, 1890, p. 172; *Unio Grelloisianus* Simpson, *Synopsis of Naïades; Procced. Unit. stat. National Museum;* XXII, 1900, p. 689; — Simpson, *A Descriptive Catalogue Naïades* (publ. par Bryant Walker); part II, 1914, p. 550.

Les *Unio Grelloisi* Bourguignat[1], et *Unio jordanicensis*

1. L'espèce a été dédiée au Docteur Eugène Grellois, médecin principal des armées d'Orient.

Bourguignat, appartiennent incontestablement à la même espèce caractérisée par un aspect général subcunéiforme, une région postérieure bien « allongée en forme de bec »

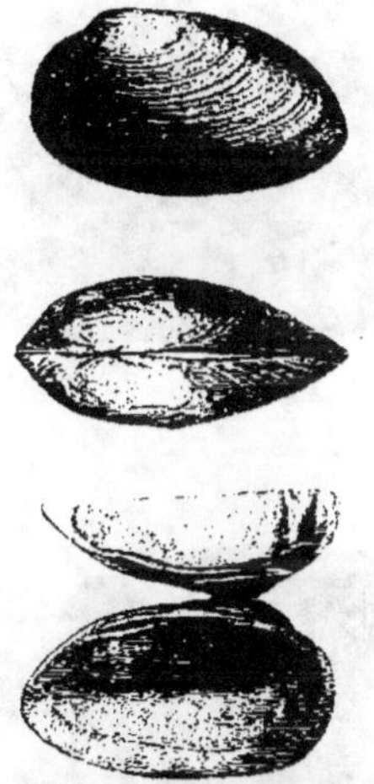

Fig. 14 - 15 - 16. — *Unio (Limnium) Grelloisi* Bourguignat.

D'après J. R. BOURGUIGNAT, *Aménités malacologiques;* I, 1856, pl. XVII, fig. 1 - 3.

par suite du bord cardinal très descendant convexe. La forme adulte est représentée par l'*Unio jordanicensis* (Fig. 17, 18, dans le texte, et pl. XXIII, fig. 2), la forme jeune est l'*Unio Grelloisi* (fig. 14, 15, 16, dans le texte). L'examen de ces figures, qui reproduisent les originaux de Bourguignat, suffit à montrer l'identité de ces deux coquilles [1].

L'*Unio Grelloisi* Bourguignat qui appartient, comme toutes les espèces précédentes, au groupe de l'*Unio tigridis* Bourguignat, atteint jusqu'à 60 millimètres de longueur

1. Le nom de *Grelloisi* ayant été publié le premier est le seul qui doit être accepté bien qu'il ne corresponde qu'à la forme jeune.

pour 35 millimètres de hauteur maximum et 22 millimètres d'épaisseur maximum. Il est abondant dans le Jourdain (Syrie) [F. DE SAULCY, J. R. ROTH].

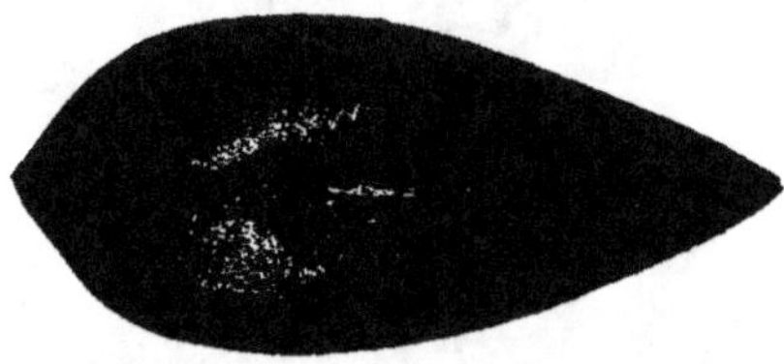

Fig. 17 - 18. — *Unio (Limnium) jordanicensis* Bourguignat.

D'après J. R. BOURGUIGNAT, *Aménités malacologiques* ; I, 1856, pl. XVI, fig. 1 - 2.

Dans la synonymie qu'il donne de cette espèce, C. T. SIMPSON commet une erreur qu'il convient de rectifier. Il cite : « *Unio grelloisianus* BOURGUIGNAT..... Moll. Peu Con., 1863, p. 74, pl. XXIII, fig. 4 - 7 »[1]. Or, dans ses *Mollusques nouveaux, litigieux ou peu connus*, J. R. BOURGUIGNAT ne parle pas de l'*Unio Grelloisi*, mais bien de l'*Unio Graëllsi*[2], espèce très différente de l'étang d'Al-

1. La citation de SIMPSON (C. T.) (Synopsis of the Naïades ; *Proceed Unit. st. nation. Museum* ; XXII, 1900, p. 689) n'est pas très exacte. Il faut lire : *Mollusques nouv. litig. peu connus* ; 1863, p. 147, pl. XXIII, fig. 4-7.

2. J. R. BOURGUIGNAT orthographie : *Unio Graëllsianus*.

buféra près de Valence (Espagne) dédiée au naturaliste espagnol M. P. GRAËLLS.

Variété **lunulifer** Bourguignat.

Unio lunulifer Bourguignat, *Revue et Magasin Zoologie ;* VIII, 1856, p. 227, pl. XL, fig. 5 - 8; et *Aménités malacologiques ;* I, 1856, p. 166, pl. XVII, fig. 5 - 8; *Margaron (Unio) lunulifer* Lea, *Synopsis of Naïades*, 1870, p. 37; – *Unio lunulifer*, Locard, *Malacologie lacs Tibériade, Antioche et Homs ;* 1883, p. 26; Westerlund, *Fauna der paläarct. region Binnenconchylien ;* VII, 1890, p. 177.

Cette variété se distingue par sa forme plus renflée, par son bord inférieur légèrement subsinueux, mais surtout par

Fig. 19 - 20. — *Unio (Limnium) lunulifer* Bourguignat.

D'après J. R. BOURGUIGNAT, *Aménités malacologiques ;* I, 1856, pl. XVII, fig. 5 - 6.

sa dépression lunulaire bien marquée et par sa région postérieure beaucoup plus courte (fig. 19-20, dans le texte). Elle habite également les eaux du Jourdain (Syrie) [F. DE SAULCY].

§ 2.

Unio (**Limnium**) **Hueti** Bourguignat.

Unio Hueti Bourguignat, *Revue et Magasin Zoologie;* VII, 1855, p. 332, pl. VIII, fig. 1-4; et *Aménités malacologiques;* I, 1856, p. 103, pl. VII, fig. 1-4 (*non* E. von Martens [1]); — *Unio Natolicus* Küster, in : Martini et Chemnitz, *System. Conchylien-Cabinet*, 1856, p. 144, taf. XLII, fig. 4; — *Unio Hueti* Locard, *Malacologie lacs Tibériade, Antioche et Homs;* 1883, p. 49; Westerlund, *Fauna der paläarct. region Binnenconchylien;* VII, 1890, p. 171; Simpson, Synopsis of Naïades; *Proceed. Unit st. national Museum;* XXII, 1900, p. 687; Simpson, *A Descriptive Catalogue Naïades* (publ. par Bryant Walker); part II, 1914, p. 544.

Cette espèce rapportée du haut Euphrate (Pachalik d'Erzeroum, en Anatolie) par Huet du Pavillon, vit également dans le lac d'Antioche [E. Chantre] et dans les environs d'Alep en Syrie [M. Blanckenhorn].

Unio (**Limnium**) **eucirrus** Bourguignat.

Unio eucirrus Bourguignat, *Revue et Magasin Zoologie;* IX, 1857, p. 20, pl. VIII, fig. 4-6; et *Aménités malacologiques*, II, 1857, p. 37, pl. V, fig. 4-6; – *Margaron (Unio) eucirrus* Lea, *Synopsis of Naïades;* 1870, p. 46; — *Unio eucirrus* Kobelt, in : Rossmässler, *Iconographie der Land- und Süsswasser-Mollusken;* n. f.; VII, 1880, p. 82, taf. CCVI, fig. 2101; Locard, *Malacologie lacs Tibériade, Antioche et Homs;* 1883, p. 50; Westerlund, *Fauna der paläarct. region Binnenconchylien;* VII, 1890, p. 171; Simpson, *Synopsis of Naïades; Proceed. unit. st. national Museum;* XXII, 1900, p. 688; — Simpson, *A Descriptive Catalogue Naïades* (publ. par Bryant Walker); part II, 1914, p. 545.

Très voisin de l'espèce précédente, dont il n'est probable-

1. L'Unio figuré par le Dr E. von Martens [*Ueber Vorderasiatische Conchylien;* 1874, p. 35, n° 61, taf. VII. fig. 54] se rapporte à l'*Unio (Limnium) mossulensis* Küster [in : Martini et Chemnitz, *System. Conchylien-Cabinet; Gatt. Unio;* 1861, p. 244, taf. LXXXII, fig. 1 (*Unio Mussolianus*)] qui vit en Mésopotamie. Les deux espèces sont d'ailleurs très voisines et ne sont peut-être pas spécifiquement distinctes.

ment qu'une variété[1], l'*Unio (Limnium) eucirrus* Bourguignat a été découvert par E. VERREAUX dans les petits ruisseaux asiatiques se jetant dans le détroit des Dardanelles et, par E. VESCO, dans les environs de Beyrouth (Syrie). Cette dernière indication, que J. R. BOURGUIGNAT ne donnait qu'avec doute [2], a été confirmée par les recherches récentes : E. CHANTRE a, en effet, recueilli cette espèce dans le lac d'Antioche où elle n'est pas très rare.

§ 3.

Unio (Limnium ?) delicatus Lea.

Unio delicatus Lea, *Proceed. Academy natural sciences of Philadelphia;* VII, 1863, p. 189; *Journal Academy nat. sc. of Philadelphia;* VI, 1866, p. 58, pl. XIX, fig. 56; et *Observations on the genus Unio;* XI, 1867, p. 62, pl. XIX, fig. 56; — *Margaron (Unio) delicatus* Lea, *Synopsis of Naïades;* 1870, p. 42; — *Unio delicatus* Westerlund, *Fauna der paläarct. region Binnenconchylien;* VII, 1890, p. 178; Simpson, *Synopsis of Naïades;* *Proceed Unit. st. national Museum;* XXII, 1900, p. 690; — Simpson, *A Descriptive Catalogue Naïades* (publ. par BRYANT WALKER); part II, 1914, p. 552.

Cette Mulette, qui n'a jamais été retrouvée, reste tout à fait litigieuse. C. T. SIMPSON, qui a examiné le type de I. LEA, pense qu'il s'agit d'une coquille dont les affinités sont des plus douteuses et qui, peut-être même, ne provient pas de Syrie [3].

1. Se distinguant presque uniquement par sa forme générale moins allongée et ses bords supérieur et inférieur plus nettement parallèles.

2. J. R. BOURGUIGNAT dit, en effet *(loc. supra cit.;* II, 1857, p. 37): « ... nous croyons que l'indication de localité fournie par M. Ed. Verreaux est la seule véritable... ».

3. C. T. SIMPSON (*loc. supra cit;* XXII, 1900, p. 690, note 2, au bas de la page) s'exprime ainsi : « I have only seen the type, a young shell, and its relations are doubtful. The sharp, rather pustulous, beak sculpture, and the shining, yellowish epidermis are like the *pictorum* group, but its form is peculiar. It may not come from Syria at all ».

6

D'après I. Lea, son *Unio delicatus* aurait été recueilli dans l'Oronte (Syrie).

*
* *

Telles sont les Mulettes actuellement connues en Syrie et en Palestine. Dans ses travaux, J. R. Bourguignat décrit encore deux espèces provenant, non de Syrie, mais de régions voisines. L'une est l'*Unio bagdadensis* Bourguignat[1], l'autre, l'*Unio eucyphus* Bourguignat[2]. Or, ces deux coquilles ne sont pas des *Unio*, mais bien des *Nodularia* du type du *Nodularia nilotica* Cailliaud[3].

La première, l'*Unio bagdadensis* Bourguignat, montre, d'après les figures originales de l'auteur, une charnière de *Nodularia* tout à fait typique[4]. Elle doit donc prendre le nom de *Nodularia bagdadensis*. C'est une belle coquille, longue de 56 millimètres, haute de 33 millimètres et épaisse de 19 millimètres, d'une forme ovalaire-oblongue peu ventrue, avec une région postérieure terminée par un rostre submédian. Les valves sont minces, assez fragiles, ornées de stries faibles et presque régulières. La localité de Bagdad, d'où cette Mulette aurait été rapportée par G. A. Olivier, est-elle exacte ? La chose n'est pas invraisemblable, mais il est beaucoup plus probable que le *Nodularia bagdadensis* a été découvert en Egypte d'où G. A. Olivier a rapporté de nombreux documents zoologiques, et que les échantillons

---

1. Bourguignat (J. R.). — *Testacea novissima q.* Cl. de Saulcy *in itinere per Orientem ;* 1852, p. 30 *(Unio bagdadensis* de Férussac, mss. in : Mus. Paris); et *Catalogue raisonné Mollusques terrestres et fluviatiles Saulcy Orient ;* 1853, p. 78, pl. IV, fig. 4-5-6.

2 Bourguignat (J. R.). — *Revue et Magazin de Zoologie*, 1857, IX, p. 19, pl. III, fig. 1-3; et *Aménités malacologiques ;* II, 1857, p. 36, pl. III, fig. 1-4.

3. Cailliaud (F.). — *Voyage à Méroé et au fleuve Blanc de 1819 à 1822 ;* Atlas, II, 1826, pl. LXI, fig. 8-9. *(Unio nilotica).*

4. Voir les figures 21, 22 qui reproduisent celles J. R. Bourguignat.

examinés par J. R. Bourguignat ont été, par inadvertance, mêlés à des coquilles provenant de l'Asie Antérieure.

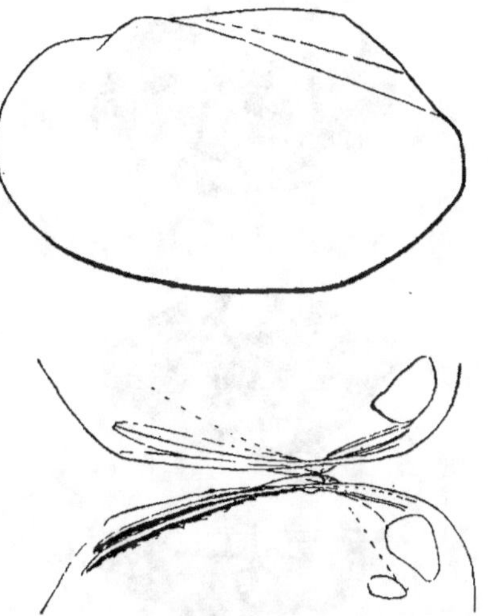

Fig. 21 - 22. — *Unio bagdadensis* Bourguignat.
[= *Nodularia bagdadensis*].

D'après J. R. Bourguignat, *Catalogue raisonné
Mollusques terr. fluv.* de Saulcy Orient;
1853, pl. IV, fig. 4 et 6.

La deuxième espèce, l'*Unio eucyphus* Bourguignat (Fig. 23, 24 et 25, dans le texte) aurait été recueillie par E. Verreaux dans les eaux du Scamandre, en Anatolie. Cette indication semble encore erronée. D'ailleurs, I. Lea[1], le Doct. E. von Martens[2] et, plus récemment, C. T. Simpson[3] ont

1. Lea (I.). — *Synopsis, of Naïades ;* 1870, p. 50 [*Margaron (Unio) ægyptiacus*].

2. Martens (D' E. von). — *Ueber Vorderasiatische Conchylien ;* 1874, p. 68

3. Simpson (C. T.). — Synopsis of Naïades. *Proceedings Unit. st. national Museum ;* XXII, 1910, p. 821.

reconnu que le *Nodularia eucyphus* était synonyme du
Nodularia œgyptiaca Cailliaud[1]. Il est donc au moins

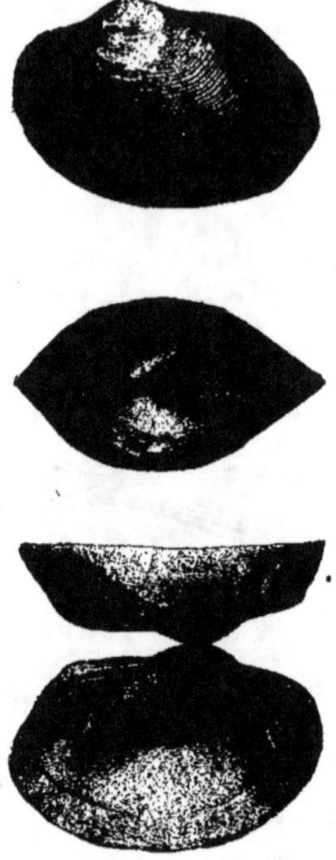

Fig. 23 - 24 - 25. — *Unio eucyphus* Bourguignat.
[= *Nodularia*, cf. *œgyptiaca* Cailliaud].

D'après J. R. BOURGUIGNAT, *Aménités malacologiques;* II, 1860, pl. III, fig. 1 - 3.

probable que le Mollusque décrit par J. R. BOURGUIGNAT
provenait du bassin du Nil.

Depuis les publications de J. R. BOURGUIGNAT, aucun naturaliste n'a signalé la présence du genre *Nodularia* dans

1. CAILLIAUD (F.). — *Voyage à Méroé et au fleuve Blanc de 1819 à
1822;* Atlas, II, 1826, pl. LXI, fig. 6 - 7. (*Unio œgyptiaca*).

l'Asie Antérieure. Il convient donc d'attendre de nouveaux documents avant de fixer, d'une manière définitive, ce point intéressant de géographie zoologique.

*
* *

§ 1. — RHOMBUNIO Germain, 1911[1].

Unio (Rhombunio) semirugatus de Lamarck.

Pl. XXII, fig. 2, 3, 4, et fig. 26 à 35, dans le texte.

1819. *Unio semirugatus* de Lamarck, *Histoire naturelle Animaux sans vertèbres;* VI, p. 76, n° 26.

1835 *Unio semirugatus* de Lamarck, *Histoire naturelle Animaux sans vertèbres;* édit. II [par DESHAYES], VI, p. 539, n° 26.

1841. *Unio semirugatus* Delessert, *Recueil coquilles décrites par Lamarck;* pl. XII, fig. 6, 6 a, 6 b.

1861. *Unio litoralis* Mousson, *Coquilles terr. fluv. Roth Palestine;* p. 64, n° 70 [*non* DE LAMARCK].

1863. *Unio Rothi* Bourguignat, *Mollusques nouveaux, litigieux, peu connus;* p. 133, n° 41, pl. XX, fig. 1-6.

1863. *Unio damascensis* Lea, *Proceed. Academy natural sciences of Philadelphia;* VII, p. 190.

1863. *Unio orontesensis* Lea, *Proceed. Academy natural sciences of Philadelphia;* VII, p. 190.

1864. *Unio emesaensis* Lea, *Proceed. Academy natural sciences of Philadelphia;* VIII, p. 286.

1865. *Unio Rothi* Bourguignat, *Revue Magasin Zoologie;* XVII, p. 337, pl. XVI.

1865. *Unio Simonis* Tristram, *Proceed. Zoological Society of London;* p. 544.

1866. *Unio damascensis* Lea, *Journal Academy natur. sciences of Philadelphia;* VI, p. 55, pl. XVIII, fig. 52.

---

1. GERMAIN (LOUIS). — Mollusques terrestres et fluviatiles de l'Asie Antérieure; 2e note; Mollusques nouveaux de Syrie; *Bulletin Muséum Hist. natur. Paris;* 1911, n° 2, p. 67.

1866. *Unio oronteseensis* Lea, *Journal Academy natur. sciences of Philadelphia;* VI, p. 53, pl. XVIII, fig. 50.

1868. *Unio emesaensis* Lea, *Journal Academy natur. sciences of Philadelphia;* VI, p. 254, pl. XXX, fig. 68.

1869. *Unio damascensis* Lea, *Observat. on the genus Unio;* XI, p. 59, pl. XVIII, fig. 52.

1869. *Unio oronteseensis* Lea, *Observat. on the genus Unio;* XI, p. 53, pl. XVIII, fig. 50.

1869. *Unio emesaensis* Lea, *Observat. on the genus Unio;* XII, p. 14, pl. XXX, fig. 68.

1890. *Margaron (Unio) damascensis* Lea, *Synopsis of Naïades;* p. 52.

1870. *Margaron (Unio) oronteseensis* Lea, *Synopsis of Naïades;* p. 52.

1870. *Margaron (Unio) emesaensis* Lea, *Synopsis of Naïades;* p. 57.

1874 *Unio litoralis* Martens, *Vorderasiatische Conchylien;* p. 68 (non de Lamarck).

1874. *Unio Rothi* Martens, *Vorderasiatische Conchylien;* p. 68.

1874. *Unio Damascensis* Martens, *Vorderasiatische Conchylien;* p. 68.

1874. *Unio Oronteseensis* Martens, *Vorderasiatische Conchylien;* p. 68.

1874. *Unio Emesaensis* Martens, *Vorderasiatische Conchylien;* p. 68.

1879. *Unio Rothi* Kobelt, in : Rossmässler, *Iconographie der Land- und Süsswasser-Mollusken;* VI, p. 40, taf. CLXI, fig. 1639.

1880. *Unio maris-galilœi* Locard, *Comptes-Rendus Académie sciences Paris;* XCI, p. 502.

1883. *Unio Luynesi* Bourguignat, in : Locard, *Malacologie lacs Tibériade, Antioche et Homs;* p. 11.

1883. *Unio Galilœi* Locard, *Malacologie lacs Tibériade, Antioche et Homs;* p. 12, pl. XX, fig. 10-12.

1883. *Unio timius* Locard, *Malacologie lacs Tibériade, Antioche et Homs;* p. 13, pl. XX, fig. 13-14.

1883. *Unio Simonis* Locard, *Malacologie lacs Tibériade, Antioche et Homs;* p. 9 et 45, pl. XX, fig. 1-6.

1883. *Unio rhomboidopsis* Locard, *Malacologie lacs Tibériade, Antioche et Homs;* p. 45, pl. XX, fig. 7-9.

1883. *Unio Rothi* Locard, *Malacologie lacs Tibériade, Antioche et Homs;* p. 10.

1883. *Unio emesaensis* Locard, *Malacologie lacs Tibériade, Antioche et Homs;* p. 46 et 82.

1884. *Unio Simonis* Tristram , *Fauna and Flora of Palestine;* p. 201 ;
n° 193.

1884. *Unio Rothi* Tristram, *loc. supra cit.;* p. 202, n° 198.

1884. *Unio luynesi* Tristram, *loc. supra cit.;* p. 202, n° 199.

1884. *Unio galilæi* Tristram, *loc. supra cit.* ; p. 202, n° 200.

1884. *Unio timius* Tristram, *loc. supra cit.* ; p. 202, n° 201.

1889. *Unio Simonis* Blanckenhorn, *Nachrichtsblatt d. Deutschen Malakozoolog. Gesellschaft;* p. 81 et 89.

1889. *Unio rhomboidopsis* Blanckenhorn, *loc. supra cit.;* p. 81 et 89.

1889. *Unio emesaensis* Blanckenhorn, *loc. supra cit.* ; p, 89.

1889. *Unio damascensis* Blanckenhorn, *loc. supra cit.* ; p. 89.

1889. *Unio orontesensis* Blanckenhorn, *loc. supra cit.;* p. 89.

1890. *Unio damascensis* Paëtel, *Catalog d. Conchylien - Sammlung ;*
III, p. 150.

1890. *Unio Luynesi* Paëtel, *Catalog d. Conchylien - Sammlung;* III,
p. 158.

1890. *Unio orontesensis* Paëtel, *Catalog d. Conchylien - Sammlung;*
III, p. 162.

1890. *Unio rhomboidopsis* Paëtel, *Catalog d. Conchylien - Sammlung;*
III, p. 165.

1890. *Unio Rothi* Paëtel, *Catalog d. Conchylien · Sammlung;* III,
p. 166

1890. *Unio Simonis* Paëtel, *Catalog d. Conchylien - Sammlung;* III,
p. 167.

1890. *Unio timius* Paëtel, *Catalog d. Conchylien - Sammlung;* III,
p. 169.

1890 *Unio Rothi* Westerlund, *Fauna der paläarct. region Binnenconchylien;* VII, p. 59.

1890. *Unio Simonis* Westerlund, *loc. supra cit.;* VII, p. 60.

1890. *Unio luynesi* Westerlund, *loc. supra cit.* ; VII, p. 60.

1890. *Unio galilæi* Westerlund, *loc. supra cit.;* VII, p. 60.

1890 *Unio timius* Westerlund, *loc. supra cit.* ; VII, p. 61.

1890. *Unio rhomboidopsis* Westerlund, *loc. supra cit* ; VII, p. 61.

1890. *Unio emesaensis* Westerlund, *loc. supra cit.;* VII, p. 61.

1890. *Unio damascensis* Westerlund, *loc. supra cit.;* VII, p. 178.

1890. *Unio orontesensis* Westerlund, *loc. supra cit.;* VII, p. 178.

1893. *Unio Simonis* Kobelt, in : Rossmässler, *Iconographie der Land-
und Süsswasser - Mollusken ;* 2ᵉ série, VI, p. 91, taf. CLXXVI,
fig. 1121.

1895. *Unio Simonis* variété Rolle et Kobelt, *Iconographie der Land-
und Süsswasser-Mollusken ;* Suppl. Band. I, p. 18, nˆ 9,
taf, III, fig. 1 - 3.

1895. *Unio galilæi* Rolle et Kobelt, *loc. supra cit.;* Suppl. Band. I,
p. 20, n° 12, taf VII, fig. 4 - 5.

1900. *Unio littoralis* Simpson, Synopsis of Naïades; *Proceed. Unit
st. national Museum;* XXII, p. 892 *(part.).*

1900. *Unio semirugatus* Simpson; *loc. supra cit.;* XXII, p. 693.

1900. *Unio Durieui* Simpson, *loc. supra cit.;* XXII, p. 694 *(part.).*

1911. *Unio (Rhombunio)Rothi* Germain, *Bulletin Muséum Hist. natur.
Paris;* XVII, p. 67.

1911. *Unio (Rhombunio) semirugatus* Germain, *loc. supra cit.;* XVII,
p. 67.

1912. *Unio Simonis* Kobelt, in : Rossmässler, *Iconographie der Land-
und Süsswasser-Mollusken;* n. f. ; XIX, p. 18; taf. DXXI,
fig. 2708.

1912. *Unio (Rhombunio) emesaensis* Kobelt, in : Rossmässler, *loc.
supra cit. ;* n. f.; XIX, p. 24, taf. DXXII, fig. 2715 - 2716.

1912. *Unio (Rhombunio) rhomboidopsis* Kobelt, in : Rossmässler, *loc.
supra cit. ;* n. f.; XIX, p. 25, taf. DXXII, fig. 2717.

1912. *Unio (Rhombunio) timius* Kobelt, in : Rossmässler, *loc. supra
cit. ;* n. f.; XIX, p. 29, taf. DXXIV, fig. 2723.

1913. *Unio (Rhombunio) semirugatus* Germain, *Bulletin Muséum Hist.
nat. Paris;* XIX, p. 470, n° 8.

1914. *Unio littoralis* Simpson, *A Descriptive Catalogue Naïades* (publ.
par BRYANT WALKER); Part II, p. 555 *(part.).*

1914. *Unio semirugatus* Simpson, *A Descriptive Catalogue Naïades*
(publ. par BRYANT WALKER); Part II, p. 557.

M. HENRI GADEAU DE KERVILLE n'a rapporté qu'un petit
nombre d'exemplaires de cette espèce. Ils proviennent tous
du lac de Homs.

De petite taille, ces échantillons sont, presque tous, plus
ou moins rhomboïdo-ovalaires avec des bords supérieur et
inférieur subparallèles. La région antérieure est courte,

décurrente; la région postérieure plus ou moins nettement
tronquée. Les sommets sont gros, proéminents, situés vers

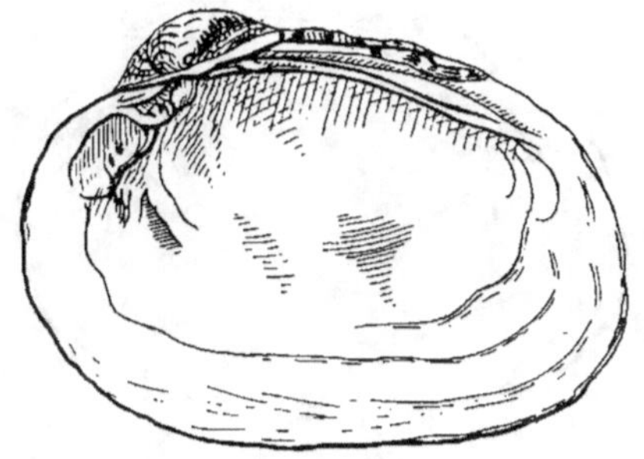

Fig. 26. — *Unio (Rhombunio) semirugatus*
de Lamarck.

Schéma de la valve gauche.

Grandeur naturelle,

le premier tiers antérieur. Voici les dimensions principales
de trois individus :

Longueur maximum. .	46 ᵐᵐ	44 ᵐᵐ	43 ᵐᵐ
Hauteur maximum . .	29 —	31 —	29 — à 16 mm.
	17 —	et 18 — des sommets.	
Épaisseur maximum. .	21 1/2 —	21 —	20 1/2 —

Le test est épais, pesant, solide, parfois d'un brun-marron
foncé presque noir vers la région postérieure, parfois d'un
marron plus clair et un peu brillant. Les stries, ridées vers
les sommets, sont grossières, serrées et irrégulières. La
nacre, toujours bien irisée, granuleuse, est violette, blanche
ou saumonée suivant les individus.

L'*Unio semirugatus* de Lamarck vit en colonies souvent
très populeuses. Il est, comme l'*Unio littoralis* Cuvier, son
espèce représentative dans l'Europe occidentale, très polymorphe. Ce polymorphisme porte sur la taille et, principa-

7

lement, sur la forme générale qui varie de la forme rhomboïdale (*Unio rhomboïdopsis* Locard, *Unio trachœa* Rolle

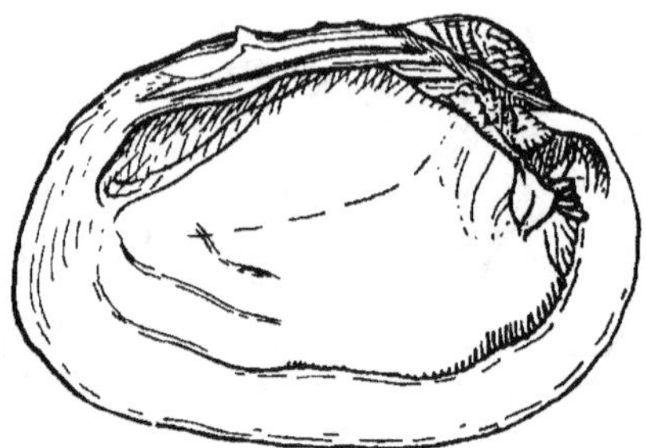

Fig. 27. — *Unio (Rhombunio) semirugatus* de Lamarck.

Schéma de la valve droite.

Grandeur naturelle.

et Kobelt) à la forme presque régulièrement subcirculaire (*Unio simonis* Tristram, *Unio Rothi* Bourguignat) en passant par tous les intermédiaires.

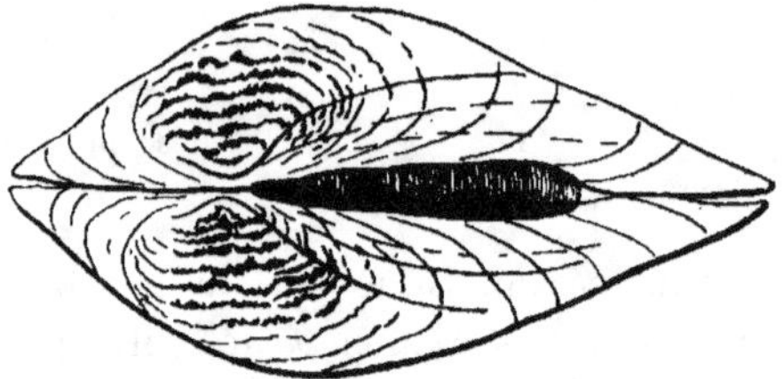

Fig. 28. — *Unio (Rhombunio) semirugatus* de Lamarck.

Schéma de la coquille vue par les sommets.

Grandeur naturelle.

Ce polymorphisme a conduit à la création d'un assez grand nombre d'espèces qui sont seulement, ou des *formes*

de coquille, ou des *formes locales* de l'*Unio semirugatus*
de Lamarck, formes qu'il convient de rattacher à l'espèce
de De LAMARCK. Il y a là un curieux parallèlisme avec l'*Unio
littoralis* Cuvier qui montre également de nombreuses
formes de coquille (*Unio subtetragonus* Michaud [1], *Unio
Draparnaldi* Deshayes [2], *Unio pianensis* Farines [3], *Unio
Barraudii* Bonhomme [4] élevées, à tort, au rang spécifique.

Les *formes principales* de l'*Unio semirugatus* de
Lamarck, ont été décrites et figurées. Voici celles qui,
incontestablement, appartiennent à l'espèce syrienne. Elles
sont classées en partant des formes plus ou moins arrondies
se rapprochant des *Unio simonis* Tristram et *Unio Rothi*
Bourguignat.

Unio Luynesi (Bourguignat) Locard. Décrit sur une
valve unique et en mauvais état, cet *Unio*, qui n'a jamais
été figuré, est une coquille ovalaire-arrondie, avec une
région antérieure courte et une région postérieure assez
développée. Il atteint environ 53 millimètres de longueur
pour 28 millimètres de hauteur maximum. Très voisin de
l'*Unio Rothi* Bourguignat, il a été découvert dans le Jourdain par T. LETOURNEUX.

Unio Galilæi Locard. (Fig. 29, dans le texte). Coquille
de petite taille (longueur : 35 millimètres; hauteur maximum : 28 millimètres; épaisseur maximum : 23 millimètres), subquadrangulaire arrondie, très fortement ren-

1. MICHAUD (G.). -- Complément Histoire naturelle Mollusques terr.
fluv. France; 1831, p. 111, pl. XVI, fig. 23.

2 DESHAYES (G. P.). -- Description coquilles caract. des terr.;
1831, p. 38, pl. XIV, fig. 6.

3. FARINES (J.), in : BOUBÉE (N.). — *Bulletin d'Histoire naturelle*;
I, 1833, p. 27; et FARINES (J.). — Description de trois espèces de
Coquilles vivantes du département des Pyrénées-Orientales; 1834,
p. 3, pl. I, fig. 1-3.

4. BONHOMME (J.). - Notice sur les Mollusques bivalves fluviatiles
observés jusqu'à ce jour aux environs de Rodez; *Mémoires Société
Aveyron;* II 1840, p. 430.

flée vers les sommets qui sont gros et proéminents, montrant une région antérieure courte, arrondie et une région postérieure allongée - subtronquée.

Fig. 29. — *Unio (Rhombunio) Galilœi* Locard.

D'après A. LOCARD, *Malacologie lacs Tibériade, Antioche et Homs;* 1883, pl. XX, fig, 10.

L'*Unio Galilœi* Locard, n'est peut-être qu'une forme jeune de l'*Unio Rothi* Bourguignat, dont elle diffère surtout par sa forme plus globuleuse (pour une même épaisseur maximum de 23 millimètres, l'*Unio Galilœi* Locard a seulement 35 millimètres de longueur, tandis que l'*Unio Rothi* Bourguignat atteint 57 millimètres). Il vit dans le lac de Tibériade (LORTET, LETOURNEUX).

Unio halepensis Kobelt. C'est une forme ovalo - circulaire assez ventrue, très voisine de l'*Unio simonis* Tristram. La région antérieure est courte, la région postérieure allongée, nettement tronquée ; les sommets sont gros et proéminents ; les bords supérieur et inférieur sont subparallèles, l'inférieur un peu sinueux dans sa partie médiane. Longueur : 54 millimètres ; hauteur maximum : 34 millimètres ; épaisseur maximum : 23 millimètres. Le test, d'un fauve verdâtre, est parfois radié de vert.

Cette coquille a été trouvée à Kuweik, aux environs d'Alep.

La variété *Cazioti* Kobelt, qui diffère par sa taille plus petite (longueur : 40 millimètres ; hauteur maximum : 31 millimètres ; épaisseur maximum : 19 millimètres) et son test plus vivement coloré, n'est probablement qu'une forme jeune. Elle habite également les environs d'Alep.

Unio corbiculiformis (Bourguignat) Kobelt. Ovalaire suballongée, très ventrue, avec une région antérieure relativement haute, des sommets très proéminents, très gros, situés vers le premier tiers antérieur, cette forme atteint 45 millimètres de longueur pour 35 millimètres de hauteur maximum et 26 millimètres d'épaisseur maximum. Son test est très solide, rugueux, d'un marron verdâtre orné de radiations vertes obsolètes.

Elle vit dans le lac d'Antioche.

Unio Naegeli Kobelt. C'est une forme bien ovalaire-arrondie, ventrue, avec une région antérieure très courte, une région postérieure subovalaire-allongée, rostrée (rostre subbasal), des sommets gros, proéminents, situés vers le premier cinquième antérieur. Longueur : 52 millimètres ; hauteur maximum : 37 millimètres ; épaisseur maximum : 26 millimètres.

Cet Unio, qui habite le lac de Homs, a été communiqué au Doct. W. KOBELT par NAEGELE sous le nom d'*Unio rhomboïdopsis* Naegele (*non* LOCARD).

L'*Unio Rollei* Kobelt est une coquille ventrue, de forme suborbiculaire chez le jeune (fig. 30, dans le texte), plus

Fig. 30. — *Unio (Rhombunio) Rollei* Kobelt.
Alexandrette de Syrie.
Cotype de l'auteur, au Senckenberg Museum,
Frankfurt-am-Main (forme jeune).
Grandeur naturelle.

ou moins rhomboïde chez l'adulte (fig. 31, dans le texte),
avec une région antérieure très courte et une région postérieure brièvement tronquée. Les sommets sont gros et
proéminents, situés vers le premier tiers antérieur. Longueur : 54 millimètres ; hauteur maximum : 38 millimètres ;
épaisseur maximum : 23 millimètres. Le test est souvent

Fig. 31. — *Unio (Rhombunio) Rollei* Kobelt.
Alexandrette de Syrie.
Cotype de l'auteur, au Senckenberg Museum,
Frankfurt-am-Main (forme adulte).
Grandeur naturelle.

radié de vert, surtout chez les jeunes. Cette forme a été
recueillie, par H. Rolle, aux environs d'Alexandrette.

Unio trachaea Rolle et Kobelt (fig. 32, dans le texte).

Fig. 32. — *Unio (Rhombunio) trachœa* Kobelt et Rolle.
Cotype des auteurs, au Senckenberg Museum, Frank-
furt-am-Main.
Grandeur naturelle.

C'est une coquille subovalaire, un peu plus allongée que la précédente, avec des bords supérieur et inférieur plus nettement parallèles ; les sommets, gros et proéminents, sont situés vers le premier quart antérieur. Longueur : 58 millimètres ; hauteur maximum : 37 millimètres ; épaisseur maximum : 21 millimètres. Le test est épais, pesant, d'un brun noirâtre.

Récolté à Jenemtere par H. ROLLE.

Unio blanchianus (Letourneux) Kobelt. Forme de petite taille, irrégulièrement ovalaire-allongée, avec des bords supérieur et inférieur divergents, une région antérieure courte et une région postérieure bien développée atteignant son maximum de développement en hauteur vers le premier tiers postérieur. Longueur : 41-45 millimètres ; hauteur (sous les sommets):27-25 millimètres; épaisseur maximum : 20-21 millimètres. Le test épais, solide, est d'un marron fauve foncé.

Le Nahr el Aoudscha, près de Jaffa.

Unio Dechampsi Kobelt. Coquille de forme ovalaire, un peu subquadrangulaire, relativement *peu ventrue*. La région antérieure est médiocrement développée, la région postérieure, assez allongée, est très largement tronquée (bord postérieur subvertical) ; les bords supérieur et inférieur sont subparallèles, l'inférieur un peu convexe. Les sommets sont gros, proéminents, situés vers le premier tiers antérieur. Longueur : 48 millimètres ; hauteur : 33 millimètres ; épaisseur maximum : 19 millimètres. Le test est épais, solide, d'un fauve verdâtre foncé.

Le Nahr el Audje, près de Jaffa (DESCHAMPS).

Avec l'*Unio babensis* Kobelt nous abordons les formes plus nettement rhomboïdes. C'est une coquille d'assez grande taille, longuement ovalo-subquadrangulaire, assez ventrue,

avec une région postérieure bien développée[1] et très nettement tronquée. Les sommets, gros et saillants, sont situés
vers le premier quart antérieur. Longueur : 60 millimètres ;
hauteur : 40 millimètres ; épaisseur maximum : 28 millimètres. Le test est épais, d'un brun marron noirâtre.

Oase Bab, entre Alep et Membidsch [Dr GRAETER].

L'*Unio Wagneri* Rolle et Kobelt (fig. 33, dans le texte)
est une forme bien rhomboïdale, assez épaisse - ventrue, avec
une région antérieure courte et une région postérieure très
nettement tronquée (le bord postérieur est subconvexe,
fortement descendant) ; ses bords supérieur et inférieur

Fig. 33. — *Unio (Rhombunio) Wagneri* Kobelt et Rolle.

Alexandrette de Syrie.

Cotype des auteurs, au Senckenberg Museum, Frankfurt - am - Main.

Grandeur naturelle.

sont subparallèles ; les sommets gros, un peu comprimés,
sont situés vers le premier quart antérieur. Longueur :

1. L'*Unio Græteri* Kobelt (voir ci-dessus, p. 26) présente les mêmes
caractères de la région postérieure. C'est d'ailleurs une espèce très
voisine de l'*Unio semirugatus* de Lamarck, dont elle n'est, probablement, qu'une variété locale.

56 millimètres ; hauteur maximum : 39 millimètres ; épaisseur maximum : 23 millimètres.

Environs d'Alexandrette (H. Rolle).

Enfin, l'*Unio rhomboidopsis* Locard (fig. 34, 35, dans le texte), la forme géante de l'espèce [1], est celle qui rappelle le mieux l'*Unio littoralis* Cuvier d'Europe. Elle est, en effet, typiquement rhomboïdale un peu allongée ; mais, chez nombre d'individus, le galbe devient suboblong, plus ou moins arrondi. Le renflement maximum est toujours voisin des sommets qui sont gros et saillants. Le bord inférieur est

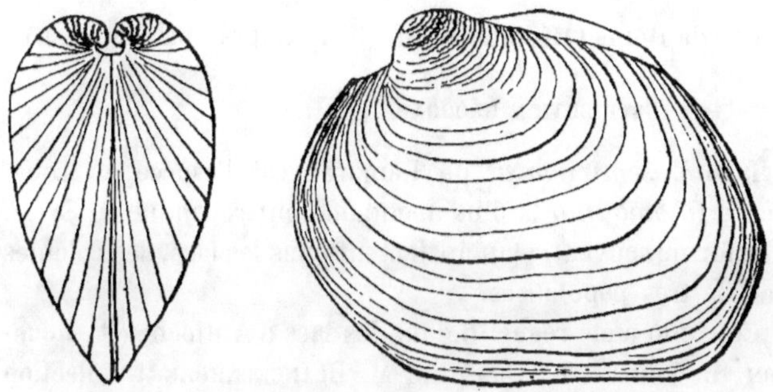

Fig. 34 - 35. — *Unio (Rhombunio) rhomboidopsis* Locard.

D'après A. Locard, *Malacologie lacs Tibériade, Antioche et Homs*, 1883, pl. XX, fig. 7 et 9.

souvent subsinueux dans sa partie médiane. Longueur : 90 millimètres ; hauteur maximum : 46 millimètres ; épaisseur maximum : 28 millimètres.

L'*Unio rhomboidopsis* Locard vit dans l'Oronte, à la sortie du lac d'Antioche [E. Chantre].

[1]. Cette grande taille est exceptionnelle chez les formes de l'*Unio semirugatus* de Lamarck. Par ce caractère, l'*Unio rhomboidopsis* rappelle les Unios du groupe de l'*Unio homsensis* Lea (notamment l'*Unio episcopalis* Tristram).

8

En résumé, toutes ces coquilles sont des formes locales, plus ou moins nettement définies, de l'*Unio semirugatus* de Lamarck et on ne saurait les considérer comme espèces distinctes.

Quant à l'*Unio timius* (Bourguignat) Locard, c'est, malgré le développement assez grand de sa charnière, une *forme jeune* d'un des Unios précédents [1]. Longueur : 18 millimètres ; hauteur maximum : 14 millimètres ; épaisseur maximum : 8 millimètres.

Recueilli dans le Jourdain par T. Letourneux.

LOCALITÉ :

Lac de Homs (Récoltes de M. Henri Gadeau de Kerville).

DISTRIBUTION GÉOGRAPHIQUE :

L'*Unio semirugatus* de Lamarck est l'espèce du sous-genre *Rhombunio* la plus abondamment répandue en Syrie. Elle forme souvent, principalement dans les lacs, des colonies parfois très populeuses.

Cet Unio a été recueilli dans les lacs d'Antioche (A. Mousson, L. Lortet, E. Chantre, M. Blanckenhorn [2] ; Collection R. Bourguignat, au Muséum d'Histoire naturelle de Genève), de Tibériade (J.-M. Roth, T. Letourneux, L. Lortet) [3] et d'Homs (G. Naegele, M. Blanckenhorn) [4] ; dans l'Oronte (L. Lortet, M. Blanckenhorn, H. Rolle) [5] ; le Léonte (L. Lor-

---

1. La forme générale de cette coquille est subelliptique-arrondie ; elle présente le même bombement maximum voisin des sommets observé chez les formes précédemment décrites

2. Forma *simonis* Tristram, forma *rhomboidopsis* Locard et forma *corbiculiformis* (Bourguignat) Kobelt.

3. Forma *Rothi* Bourguignat et forma *simonis* Tristram.

4. Forma *rhomboidopsis* (Bourguignat) Kobelt et forma *Nægeli* Kobelt.

5 Forma *simonis* Tristram et forma *rhomboidopsis* Locard.

tet)[1] et le Jourdain (A. Mousson, H.-B. Tristram, L. Lortet,
T. Letourneux)[2]; et dans les rivières et ruisseaux des environs
de Jenemtere (H. Rolle)[3], de Jaffa (Collection J.-R. Bourguignat, au Muséum d'Histoire naturelle de Genève, Deschamps)[4], d'Alep (Dr Graeter)[5] et d'Alexandrette (H. Rolle)[6].
L'*Unio semirugatus* de Lamarck existe également, à l'état
fossile, dans le quaternaire récent des bords du lac d'Antioche (Dr W. Kobelt).

Unio (Rhombunio) homsensis Lea.

Fig. 36 à 44, dans le texte.

1864. *Unio homsensis* Lea, *Proceed. Academy natur. sciences of
Philadelphia;* VIII, p. 285.

1864. *Unio orphaensis* Lea, *Proceed. Academy natur. sciences of
Philadelphia;* VIII, p. 285.

1864. *Unio kullethensis* Lea, *Proceed. Academy natur. sciences of
Philadelphia;* VIII, p. 285.

1864. *Unio mardinensis* Lea, *Proceed. Academy natur. sciences of
Philadelphia;* VIII, p. 286.

1868. *Unio homsensis* Lea, *Journal Academy natur. sciences of
Philadelphia;* VI, p. 249, pl. XXIX, fig. 63.

1868. *Unio orphænsis* Lea, *Journal Academy natur. sciences of
Philadelphia;* VI, p. 250, pl. XXIX, fig. 64.

1868. *Unio kullethensis* Lea, *Journal Academy natur. sciences of
Philadelphia;* VI, p. 251, pl. XXIX, fig. 65.

1. Forma *simonis* Tristram.

2. Forma *simonis* Tristram, forma *Luynesi* (Bourguignat) Locard et
forma *timius* (Bourguignat), Locard.

3. Forma *trachæa* Rolle et Kobelt.

4. Forma *blanchianus* (Letourneux) Kobelt et forma *Deschampsi*
Kobelt.

5. Forma *halepensis* Kobelt et forma *babensis* Kobelt.

6. Forma *Wagneri* Rolle et Kobelt et forma *Rollei* Kobelt.

1868. *Unio mardinensis* Lea, *Journal Academy natur. sciences of Philadelphia;* VI, p. 252, pl. XXX, fig. 66.

1869. *Unio homsensis* Lea, *Observat. on the genus Unio;* XII, p. 9, pl. XXIX, fig. 63.

1869. *Unio orphœnsis* Lea, *Observat. on the genus Unio;* XII, p. 10, pl. XXIX, fig. 64.

1869. *Unio kullethensis* Lea, *Observat. on the genus Unio;* XII, p. 11, pl. XXIX, fig. 65.

1869. 'Unio mardinensis Lea, *Observat. on the genus Unio;* XII, p. 12, pl. XXX, fig. 66.

1870. *Margaron (Unio) homsensis* Lea, *Synopsis of Naïades;* p. 51.

1870. *Margaron (Unio) orphœnsis* Lea, *Synopsis of Naïades;* p. 52.

1870. *Margaron (Unio) kullethensis* Lea, *Synopsis of Naïades;* p. 53.

1870. *Margaron (Unio) mardinensis* Lea, *Synopsis of Naïades;* p. 53.

1874. *Unio Homsensis* Martens, *Vorderasiatische Conchylien;* p. 68.

1874. *Unio Kullethensis* Martens, *Vorderasiatische Conchylien;* p. 68.

1874. *Unio Mardinensis* Martens, *Vorderasiatische Conchylien;* p. 68.

1874. *Unio Orphœnsis* Martens, *Vorderasiatische Conchylien;* p. 68.

1883. *Unio homsensis* Locard, *Malacologie lacs Tibériade Antioche et Homs;* p. 81.

1889. *Unio homsensis* Blanckenhorn, *Nachrichtsblatt d. Deustchen Malakozool. Gesellschaft;* p. 81 et p. 89.

1890. *Unio homsensis* Paëtel, *Catalog d. Conchylien-Sammlung;* III, p. 155.

1890. *Unio orphœnsis* Paëtel, *Catalog d. Conchylien-Sammlung;* III, p. 162.

1890. *Unio kallethensis* Paëtel, *Catalog d. Conchylien-Sammlung;* III, p. 156.

1890. *Unio kullinthensis* Paëtel, *Catalog d. Conchylien-Sammlung;* III, p. 156.

1890. *Unio homsensis* Westerlund, *Fauna der paläarct. region Binnen-conchylien;* VII, p. 62.

1890. *Unio orphœnsis* Westerlund, *Fauna der paläarct. region Binnenconchylien;* VII, p. 179.

1890. *Unio kullethensis* Westerlund, *Fauna der paläarct. region Binnenconchylien;* VII, p. 178.

1890. *Unio mardinensis* Westerlund, *Fauna der paläarct. region Bin-*
    nenconchylien; VII, p. 179.

1900. *Unio (Lymnium) homsensis* Simpson, *Synopsis of Naïades ;*
    Proceed. Unit. st. national Museum; XXII, p. 693.

1900. *Unio (Lymnium) Durieui* var. *kullethensis* Simpson, Synopsis
    of Naïades; *Proceed. Unit. st. national Museum;* XXII, p. 695.

1912. *Unio homsensis* Kobelt, in : Rossmässler, *Iconographie der*
    Land- und Süsswasser-Mollusken; n. f. ; XVIII, p. 53, taf.
    DVI, fig. 2669.

1913. *Unio (Rhombunio) homsensis* Germain, *Bulletin Muséum Hist.*
    natur. Paris, XIX, p. 471, n° 12

1914. *Unio homsensis* Simpson, *A Descriptive Catalogue Naïades* (publ.
    par Bryant Walker); part II, p. 559.

1914. *Unio Durieui* Simpson, *loc. supra cit.;* part II, p. 563 *(part.).*

1914. *Unio Durieui* var. *kullethensis* Simpson, *loc. supra cit.;* part II,
    p. 564.

Coquille de forme générale subrectangulaire-allongée,
assez comprimée ; région antérieure assez courte, décurrente
à la base ; région postérieure allongée, environ 2 1/2 fois
aussi longue que l'antérieure, terminée par un rostre court,
vaguement tronqué ; bord supérieur subrectiligne dans une
direction ascendante, se continuant par le bord postérieur
qui est bien descendant ; angle postéro-dorsal peu marqué ;
bord inférieur subrectiligne, un peu sinueux dans sa région
médiane ; sommets médiocres, peu proéminents, fortement
ridés ; ligament assez large et robuste, long de 20 à 23
millimètres, d'un brun marron brillant ; crête dorsale bien
marquée ; charnière comprenant, sur la valve droite : une
dent haute, saillante, vaguement crénelée, et une lamelle
longue (25 millimètres), élevée, presque rectiligne, tranchante, *irrégulièrement mais nettement serrulée sur toute
sa longueur;* sur la valve gauche : deux dents saillantes,
l'antérieure relativement petite, et deux lamelles postérieures
longues, à peine arquées, l'inférieure légèrement plus élevée
que la supérieure ; impressions musculaires : antérieures
ovalaires-arrondies, très profondes ; postérieures un peu

plus allongées, profondes ; palléale bien marquée antérieurement, plus faible postérieurement.

Longueur	63 mm	64 mm	65 mm	67 mm
Hauteur maximum ..	36 —	35 1/2 —	36 —	37 —
A	18 —	21 —	19 —	19 1/2 —
des sommets.				
Epaisseur maximum.	20 —	18 —	19 —	21 —

Test relativement peu épais, mais solide, recouvert d'un
épiderme d'un brun marron très foncé, presque noir, plus
clair vers les sommets ; stries très irrégulières, assez grossières, bien franchement ridées au voisinage des sommets,
un peu lamelleuses vers la région inférieure.

Nacre très brillante, fortement irisée, finement granuleuse,
de couleur variée : bleuâtre ou saumonée, plus rarement
violacée.

Cette espèce varie *relativement* peu. En général, et com-
parativement à la figuration et à la description originales
de I. Lea, les exemplaires recueillis par M. Henri Gadeau
de Kerville sont plus allongés, se rapprochant, comme forme
générale, de l'*Unio orphaensis* Lea. Cependant, certains
échantillons, mesurant 59 millimètres de longueur pour
34 1/2 millimètres de hauteur maximum et 18 1/2 millimètres d'épaisseur maximum sont plus voisins de la forme
type de l'auteur américain.

D'ailleurs, I. Lea a décrit un certain nombre d'espèces
syriennes qu'il est impossible de séparer de l'*Unio homsensis*. Ce sont :

> *Unio orphaensis* Lea.
>
> *Unio kullethensis* Lea.
>
> et *Unio mardinensis* Lea.

que C. T. Simpson[1] place, à tort, en synonymie de l'*Unio*

<hr>

1. Simpson (C. T.). — Synopsis of the Naïades, or pearly freshwater Mussels ; *Proceedings of the United States National Museum* :
XXII, 1900, p. 694.

Durieui Deshayes[1], espèce de l'Algérie-Tunisie qui ne vit point en Asie[2].

Ces trois Pélécypodes décrits et figurés par I. Lea sont certainement synonymes de son *Unio homsensis*. Les diagnoses originales — que je reproduis ici en les accompagnant des figures types[3] — montrent bien qu'il ne s'agit que de variations, d'ailleurs peu importantes, d'un même type spécifique.

Unio homsensis. — « Testa plicata, suboblonga, inæquilaterali, ad latere planulata, postice angulata, valvulis crassis, antice crassioribus, natibus prominulis, ad apices valde corrugatis ; epidermide tenebroso fusca, micanti ; dentibus cardinalibus crassis, erectis crenulatisque ; lateralibus longis, crassis subrectisque ; margarita vel purpurea vel salmonea et iridescente.

« Hab. — Lake Homs (ancient Emesa), River Orontes, North Syria, C. M. Wheatley ».

Unio orphænsis (fig. 36, 37 et 38, dans le texte). — « Testa lævi, oblonga, inæquilaterali, antice rotundata, postice obtuse subbiangulata ; valvulis crassiusculis, antice crassioribus ; natibus subprominentibus, ad apices crebre et minute undatis ; epidermide olivacea, virido-radiata ; dentibus cardinalibus parvis, compressis, crenulatis, in utroque

---

1. Deshayes (G. P.). — *Histoire naturelle des Mollusques de l'Algérie;* Atlas, 1847, pl. CIX, fig. 5-8.

2. Le rapprochement proposé par C. T. Simpson est très contestable : si ces coquilles ont une forme générale assez semblable, elles diffèrent par la sculpture des sommets et par la nature de la nacre qui est toujours finement granuleuse chez les espèces de l'Asie antérieure.

3. Les diagnoses reproduites ici sont celles données par I. Lea dans le *Journal of the Academy of natural sciences of Philadelphia;* Vol. VI, 1868 (voir à la synonymie).

valvulo duplicibus; lateralibus longis subrectisque; margarita vel alba,vel aurea et valde iridescente.

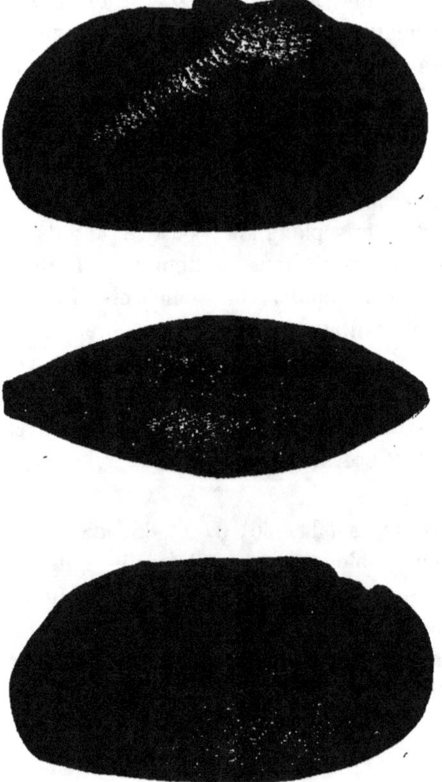

Fig. 36, 37, 38. — *Unio (Rhombunio) orphœnsis* Lea.

D'après I. Lea, *Journal Academy natural sciences
of Philadelphia;* VI, 1868, pl. XXIX, fig. 64.

« Hab. — Tigris river, near Mardin, Pashalic of Orpha,
Asiatic Turkey, C. M. Wheatley ».

Unio Kullethensis (fig. 39, 40 et 41, dans le texte). —
« Testa laevi, oblonga, valde inæquilaterali, ad latere pla-

Fig. 39, 40, 41. — *Unio (Rhombunio) kullethensis* Lea.

D'après I. Lea, *Journal Academy natur. sciences
of Philadelphia;* VI, 1868, pl. XXIX, fig. 65.

nulata, antice subtruncata, postice obtuse angulata ; valvulis
crassis, antice crassioribus ; natibus prominulis ; epidermide
luteola, postice radiata et tenebroso viridi ; dentibus cardinalibus parvis, acuminatis crenulatisque ; lateralibus longis
subrectisque ; margarita vel alba vel aurea et valde iridescente.

9

« Hab. — Near Mardin, in a stream from Kulleth falling into the Tigris River, Asia. C. M. Wheatley ».

Unio Mardinensis (fig. 42, 43, 44, dans le texte). — « Testa lævi, suboblonga, inæquilaterali, antice rotundata,

Fig 42, 43, 44. — *Unio (Rhombunio) mardinensis* Lea.

D'après I. Lea, *Journal Academy natur. sciences of Philadelphia;* VI, 1863, pl. XXX, fig. 66.

postice obtuse angulata ; valvulis subtenuibus, antice crassioribus ; natibus prominulis, ad apices crebre et minute undulatis ; epidermide luteola, valde radiata ; dentibus car-

dinalibus parvis, acuminatis crenulatisque; lateralibus
sublongis subrectisque; margarita aurea et valde iridescente.

« Hab. — Tigris River near Mardin, Asiatic Turkey, C.
M. Wheatley ».

LOCALITÉ :

Lac de Homs. (Nombreux individus provenant des récoltes
de M. HENRI GADEAU DE KERVILLE).

DISTRIBUTION GÉOGRAPHIQUE :

Cet Unio habite la Syrie et une partie de la Mésopotamie.

Unio (Rhombunio) Barroisi Drouët.

1893. *Unio Barroisi* Drouët, *Journal de Conchyliologie;* XLI, p. 36,
  n° 69.

1893. *Unio Barroisi* Drouët; *Revue biologique Nord France;* V, p. 285,
  fig. 1, (tirés à part, p. 1, fig. 1.

1893. *Unio Barroisi* Kobelt, in : Rossmässler, *Iconographie der Land-
  und Süsswasser-Mollusken;* VI, p. 88, taf. CLXXIV, fig. 1118.

1913. *Unio (Rhombunio) Barroisi* Germain, *Bulletin Muséum Hist.
  natur. Paris;* XIX, p. 471, n° 14.

Coquille de grande taille, de forme générale subquadran-
gulaire-allongée; région antérieure courte, arrondie, décurrente à la base; région postérieure très allongée, trois fois
aussi longue que l'antérieure, terminée par un rostre obtus,
inférieurement tronqué; bord supérieur nettement arqué
dans une direction à peine ascendante; bord postérieur
régulièrement descendant et subconvexe jusqu'au rostre;
angle postéro-dorsal très peu marqué; crête dorsale fortement émoussée; bord inférieur sinueux dans sa région
médiane; sommets assez gros, obtus, peu saillants, légèrement ridés; ligament épais, robuste, un peu saillant, long
de 35 millimètres, d'un marron clair brillant; charnière
très robuste portant, sur la valve droite : une dent très

saillante, subpyramidale-triangulaire, crénelée, et une lamelle postérieure longue, convexe, très haute et tranchante; sur la valve gauche : deux dents saillantes, hautes et crénelées, la plus antérieure beaucoup plus petite, et deux lamelles postérieures hautes, moins saillantes que la lamelle de la valve droite, à peu près égales, la supérieure bifide à son extrémité.

Impressions musculaires : antérieures subarrondies, très profondes ; postérieure allongée-oblongue, profonde ; sinus palléal fortement marqué.

Longueur maximum....	90 mm	95 mm	99 mm	115 mm
Hauteur maximum	46 —	50 —	50 —	55 —[1]
A	21 —	27 —	20 —	» —
des sommets.				
Epaisseur maximum....	30 —	29 —	33 —	32 —[1]

Test épais, solide, pesant, d'un brun noirâtre très foncé, un peu plus clair au voisinage des sommets qui sont ordinairement dénudés ; stries fortes, grossières, très inégales, fortement lamelleuses inférieurement.

Nacre finement plissée ou chagrinée, très fortement irisée, surtout vers le bord inféro-postérieur, et de couleur variable : gris cendré, orangé ou d'un magnifique violet intense.

L'*Unio Barroisi* Drouët, est assez variable et, chez quelques spécimens, on constate un allongement relativement considérable de la coquille : c'est ainsi que M. Henri Gadeau de Kerville a rapporté, du lac de Homs, la très belle variété suivante :

Variété **elliptica** Germain, nov. var.

Fig. 45 à 48, dans le texte.

1913. *Unio (Rhombunio) Barroisi* var. *elliptica* Germain, *Bulletin Muséum Hist. natur. Paris;* XIX, p. 471 *(sine descript.).*

1. Les dimensions de ce dernier échantillon sont données d'après Drouet.

. Coquille de forme beaucoup plus allongée que le type, plus régulièrement elliptique, moins accuminée postérieu-

Fig. 45. — *Unio (Rhombunio) Barroisi* Drouët, variété *elliptica* Germain.

Lac de Homs.

Cotype. (Récoltes de M. Henri Gadeau de Kerville).

Grandeur naturelle.

rement; région antérieure courte, arrondie et décurrente à la base, comme dans le type; région postérieure quatre fois

Fig. 46. — *Unio [(Rhombunio) Barroisi* Drouët, variété *elliptica* Germain.

Vue de la valve gauche.

Lac de Homs.

Cotype. (Récoltes de M. Henri Gadeau de Kerville).

Grandeur naturelle.

aussi longue que l'antérieure ; bord supérieur se continuant, sans solution de continuité, avec le bord postérieur qui est moins fortement descendant ; même bord inférieur plus ou moins largement sinueux en son milieu.

Longueur : 99 millimètres ; hauteur maximum : 47 millimètres à 23 millimètres des sommets ; épaisseur maximum : 29 millimètres.

Même test épais, solide, pesant, grossièrement strié et très fortement érodé.

Fig. 47. — *Unio (Rhombunio) Barroisi* Drouët, variété *elliptica* Germain.

Vue de la valve droite.

Lac de Homs.

Cotype. (Récoltes de M. Henri Gadeau de Kerville).

Grandeur naturelle.

Cette coquille n'est évidemment qu'une forme *elongata* du type *Barroisi*.

L'*Unio Barroisi* Drouët, est-il bien une espèce distincte de l'*Unio episcopalis* Tristram ?[1] D'après H. Drouët, son

1. Tristram. — Report Mollusc. of Palestine; *Proceed. Zoological Society of London*: 1865, p. 544. Cette espèce, qui atteint 90 à 100 millimètres de longueur pour 50 à 60 millimètres de hauteur maximum et 30 à 35 millimètres d'épaisseur maximum, a été figurée par le Dr W. Kobelt, in : Rossmassler. — *Iconographie der Land- und Süsswasser-Mollusken*; n. f., VI, 1893, p. 89, taf. CLXXV, fig. 1119.

espèce se séparerait par sa forme plus globuleuse et plus
allongée ; de plus, ajoute l'auteur, chez l'*Unio episcopalis*

Fig. 48. — *Unio (Rhombunio) Barroisi* Drouët,
variété *elliptica* Germain.

Lac de Homs.

Cotype. (Récoltes de M. HENRI GADEAU DE KERVILLE)-
Grandeur naturelle.

Tristram, « la nacre est constamment et uniformément d'un
pourpre violacé intense, tandis que cette coloration paraît
n'être qu'accidentelle dans l'*Unio Barroisi*[1] ». Cette dernière
assertion ne résiste pas à l'examen des nombreux specimens
recueillis par M. HENRI GADEAU DE KERVILLE dont la moitié
environ possèdent cette magnifique nacre violacée. Quant à
la forme générale il semble bien, d'après l'étude des figures
publiées par W. KOBELT[2], que l'*Unio episcopalis* ait une
forme plus courte, plus ramassée, plus régulièrement subquadrangulaire avec un rostre bien plus court et mieux
développé en hauteur. De plus, la région antérieure est régulièrement arrondie dans l'*Unio episcopalis* Tristram, tandis
qu'elle présente une région rectiligne très décurrente vers
la base chez l'*Unio Barroisi* Drouët.

Enfin, tous les exemplaires rapportés par M. HENRI GADEAU

2. KOBELT (Dr W.). — *Loc. supra cit.* ; VI, 1893, taf. CLXXIV,
fig. 1118 et taf. CLXXV, fig. 1119.

1. DROUET (H). — Description de deux Unios nouveaux de
l'Oronte ; *Revue biologique Nord France* ; V, 1893, p. 286.

DE KERVILLE appartiennent, sans conteste, à l'*Unio Barroisi* tel qu'il a été défini par H. DROUET. Cependant il se pourrait, étant donné le polymorphisme des Unios, que ces deux coquilles soient de la même espèce. Dans ce cas, la forme normale serait l'*Unio Barroisi* Drouët, tandis que l'*Unio episcopalis* Tristram représenterait la forme *curta* et l'*Unio Barroisi* var. *elliptica* Germain, la forme *elongata*. Ces rapports sont ainsi précisés :

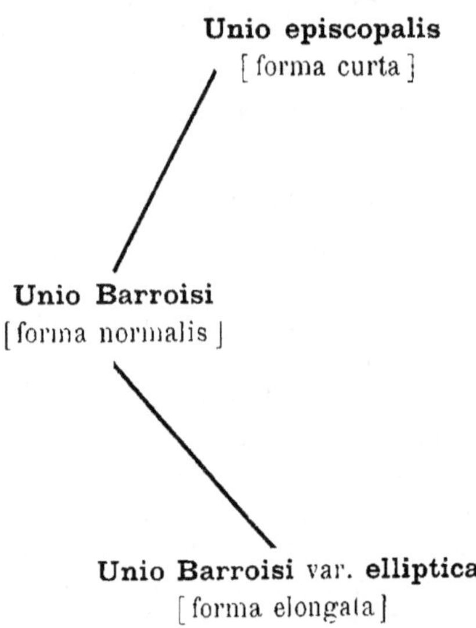

LOCALITÉ :

Lac de Homs [Récoltes de M. HENRI GADEAU DE KERVILLE] (Type et variété *elliptica* Germain).

DISTRIBUTION GÉOGRAPHIQUE :

L'*Unio Barroisi* Drouët n'était encore connu que du Nahr-el-Haroun, affluent de l'Oronte, où il avait été pris par TH. BARROIS à Zerrâa, au sud de Homs. L'*Unio episcopalis* Tristram est également une espèce des mêmes régions puisqu'il vit dans l'Oronte [H. B. TRISTRAM].

§ II. — LIMNIUM Oken, 1815 [1].

Unio (**Limnium**) **terminalis** Bourguignat.

Pl. XXIII, fig. 1, 3, 5 et 6 et fig. 49 à 55 dans le texte.

1852. *Unio terminalis* Bourguignat, *Testacea novissima Saulcy itin.
Orientem;* p. 31, n° 9,

1853. *Unio terminalis* Bourguignat, *Catalogue rais. Mollusques terr.
fluv. Saulcy Orient;* p. 76, pl. III, fig. 4 - 6.

1853. *Unio terminalis* Bourguignat, *Journal de Conchyliologie ;* IV,
p. 74, pl. III, fig. 10.

1861. *Unio terminalis* Mousson, *Coquilles terr. fluv. Roth Palestine ;*
p. 65, n° 71.

1870. *Margaron (Unio) terminalis* Lea, *Synopsis of Naïades;* p. 39.

1874. *Unio terminalis* Martens, *Vorderasiatische Conchylien*; p. 68.

1876. *Unio terminalis* Kobelt, in : Rossmässler, *Iconographie der
Land - und Süsswasser - Mollusken;* IV, p. 65, taf. CXIX,
fig. 115.

1880. *Unio Pietri* Locard, *Comptes - Rendus Académie sciences Paris;*
XCI, p. 500 [*non* Rolle et Kobelt].

1880. *Unio Lorteti* Locard, *Comptes - Rendus Académie sciences Paris;*
XCI, p. 502.

1883. *Unio Pietri* Locard, *Malacologie lacs Tibériade, Antioche et
Homs;* p. 16, pl. XX, fig. 17 - 19.

1883. *Unio Lorteti* Locard, *Malacologie lacs Tibériade, Antioche et
Homs,* p. 21, pl. XXI, fig. 7 - 12.

1883. *Unio Tristrami* Locard, *Malacologie lacs Tibériade, Antioche et
Homs;* p. 15, pl. XX, fig. 15 - 16.

1883. *Unio tiberiadensis* Locard, *Malacologie lacs Tibériade, Antioche
et Homs;* p. 22, pl. XXI, fig. 13 - 15.

1883 *Unio prosacrus* Bourguignat, in : Locard, *Malacologie lacs Tibériade, Antioche et Homs ;* p. 25, pl. XXI, fig. 16 - 17.

1883. *Unio axiacus* Locard, *Malacologie lacs Tibériade, Antioche et
Homs;* p. 48, pl. XX, fig. 20 - 23.

1883. *Unio subtigridis* Letourneux, in : Locard, *Malacologie lacs Tibériade, Antioche et Homs*; p. 51, pl. XXI, fig. 18 - 20.

1883. *Unio anemprosthus* Bourguignat, in : Locard, *Malacologie lacs
Tibériade, Antioche et Homs;* p. 52, pl. XXI, fig. 21 - 23.

---

1. Oken (L.). -- *Lehrbuch der Naturgeschichte;* part. III, Zoologie;
1815, p. 237. *(Lymnium)*.

10

1883. *Unio Chantrei* Locard, *Malacologie lacs Tibériade, Antioche et Homs;* p. 53, pl. XXII, fig. 1 - 7.

1883. *Unio Raymondi* Bourguignat, in : Locard, *Malacologie lacs Tibériade, Antioche et Homs;* p. 14.

1884. *Unio Raymondi* Tristram, *Fauna and Flora of Palestine;* p. 203, n° 202

1884. *Unio Tristrami* Tristram, *loc. supra cit.;* p. 203, n° 203.

1884. *Unio pietri* Tristram, *loc. supra cit.;* p. 203, n° 204.

1884. *Unio lorteti* Tristram, *loc. supra cit.;* p. 204, n° 209.

1884. *Unio tiberiadensis* Tristram, *loc. supra cit.;* p. 204, n° 210.

1884. *Unio prosacrus* Tristram, *loc. supra cit.;* p. 204, n° 211.

1889 *Unio Lorteti* Blanckenhorn, *Nachrichtsblatt d. deutschen Malakozoolog. Gesellschaft;* p. 89.

1889. *Unio subtigridis* Blanckenhorn, *loc. supra cit.;* p. 89.

1889. *Unio anemprothus* Blanckenhorn, *loc. supra cit.;* p. 89.

1889. *Unio Chantrei* Blanckenhorn, *loc. supra cit.;* p. 89.

1889. *Unio terminalis* Blanckenhorn, *loc. supra cit.;* p. 89.

1890. *Unio terminalis* Paëtel, *Catalog d. Conchylien-Sammlung;* III, p. 169.

1890. *Unio Petroi* Paëtel, *Catalog d. Conchylien-Sammlung;* III, p. 163.

1890. *Unio Tristrami* Paëtel, *Catalog d. Conchylien-Sammlung;* III, p. 170.

1890. *Unio tiberiadensis* Paëtel, *Catalog d. Conchylien-Sammlung;* III, p, 169.

1890. *Unio axiacus* Paëtel, *Catalog d. Conchylien-Sammlung;* III, p. 145.

1890. *Unio subtigridis* Paëtel, *Catalog d. Conchylien-Sammlung;* III, p, 168

1890. *Unio Chantrei* Paëtel, *Catalog d. Conchylien-Sammlung;* III, p. 147.

1890. *Unio Raymondi* Westerlund, *Fauna der paläarct. region Binnenconchylien;* VII, p. 169.

1890. *Unio pietri* Westerlund, *loc. supra cit.;* p. 170.

1890. *Unio Tristrami* Westerlund, *loc. supra cit.;* p. 170.

1890. *Unio axiacus* Westerlund, *loc. supra cit.;* p. 170.

1890. *Unio lorteti* Westerlund, *loc. supra cit.;* p. 173.

1890. *Unio tiberiadensis* Westerlund, *loc. supra cit.;* p. 174.

1890. *Unio terminalis* Westerlund, *loc. supra cit.;* p. 174.

1890. *Unio prosacrus* Westerlund, *loc. supra cit.;* p. 174.

1890. *Unio subtigridis* Westerlund, *loc. supra cit.; * p. 175.

1890. *Unio anemprostus* Westerlund, *loc. supra cit. ; * p. 175.

1890. *Unio Chantrei* Westerlund, *loc. supra cit.; * p. 176.

1893. *Unio Lorteti* Rolle et Kobelt, *Iconographie der Land- und Süss-wasser - Mollusken; * suppl. Bd. 1, p. 14, n° 4, taf. V, fig. 3.

1893. *Unio zabulonicus* Kobelt, in : Rossmässler, *Iconographie der Land- und Süsswasser - Mollusken; * n. f., VI, p. 96, n° 1129, taf. CLXXIX, fig. 1129 [*non* LOCARD].

1900. *Unio (Lymnium) Pietri* Simpson, *Synopsis of Naïades; Proceed. unit. st. national Museum; * XXII, p. 688.

1900. *Unio (Lymnium) terminalis* Simpson, *loc. supra cit.; * XXII, p. 689.

1912. *Unio prosacrus* Kobelt, in : Rossmässler, *Iconographie der Land- und Süsswasser-Mollusken; * n. f.; XVIII, p. 60, taf. DIX, fig. 2679 - 2681.

1912. *Unio subtigridis* Kobelt, in : Rossmässler, *loc. supra cit.; * n. f., XVIII, p. 61, taf. DIX, fig. 2682.

1912. *Unio Raymondi* Kobelt, in : Rossmässler, *loc. supra cit.; * n. f., XIX, p. 40, taf. DXXXI, fig. 2738.

1913. *Unio (Limnium) terminalis* Germain, *Bulletin Muséum Hist. natur. Paris; * XIX, p. 471, n° 20.

1914. *Unio pietri* Simpson, *A Descriptive Catalogue Naïades; * (publ. par BRYANT WALKER); part II, p. 547.

1914. *Unio terminalis* Simpson, *loc. supra cit.; * part II, p. 549.

L'*Unio terminalis* Bourguignat est la Naïade la plus abondamment répandue, non seulement dans les eaux douces de la Syrie et de la Palestine, mais encore dans toutes celles de l'Asie Antérieure.

Fig. 49. — *Unio (Limnium) terminalis* Bourguignat.
Lac de Homs. (Récoltes de M. HENRI GADEAU DE KERVILLE).
Grandeur naturelle.

C'est une coquille ventrue, de forme générale subtrigone-
allongée, avec une région antérieure très courte, arrondie,
décurrente, et une région postérieure *toujours très déve-*

Fig. 50. — *Unio (Limnium) terminalis* Bourguignat.
Lac de Homs (Récoltes de M. Henri Gadeau de Kerville).
Grandeur naturelle.

loppée, plus ou moins *fortement cunéiforme allongée*. La
hauteur maximum de la coquille est *constamment très
voisine des sommets*. Ces derniers sont recourbés, un peu
proéminents, situés vers le premier cinquième antérieur,
souvent corrodés, de couleur rougeâtre lorsqu'ils sont intacts.
Le bord inférieur est tantôt bien convexe (fig. 49, dans le
texte), tantôt convexe et nettement retroussé vers le rostre
(fig. 50, dans le texte), le plus souvent subrectiligne (fig. 51,

Fig. 51. —[*Unio (Limnium) terminalis* Bourguignat.
Lac de Homs (Récoltes de M. Henri Gadeau de Kerville).
Grandeur naturelle.

dans le texte) ou un peu concave dans sa région médiane
(fig. 52, dans le texte).

Le ligament, atteignant jusqu'à 20 - 22 millimètres de longueur, est saillant, robuste, d'un marron - rougeâtre brillant.

Fig. 52. — *Unio (Limnium) terminalis* Bourguignat.

Lac de Homs. (Récoltes de M. HENRI GADEAU DE KERVILLE).

Grandeur naturelle.

Chez le jeune, le test est d'un marron jaunâtre, plus sombre antérieurement et postérieurement. Il est plus sombre, marron foncé, parfois presque noir chez les individus adultes. Il est toujours épais, solide, quelquefois pesant. Les stries sont irrégulières, *relativement fines*, très inégales et inégalement espacées, un peu lamelleuses à la région postérieure. Quand la région des sommets n'est pas excoriée, elle est ornée de rides bien marquées dont le nombre varie de 4 à 7.

Enfin la nacre est très irisée, d'un blanc bleuâtre, plus rarement saumonée.

Le tableau suivant résume les dimensions principales de 27 échantillons recueillis dans le lac de Homs.

Numéros des Échantillons	Longueur maximum	Hauteur maximum	A millimètres des sommets	Épaisseur maximum
1.....	68 mm.	31 mm.	8 mm.	29 mm.
2.....	66 —	33 —	6 —	26 —
3.....	63 —	31 —	9 —	26 1/2 —
4	62 —	30 —	5 —	26 —
5.....	61 —	31 —	8 —	24 —
6.....	59 —	32 —	6 —	25 —
7.....	59 —	30 —	7 —	24 —
8.....	59 —	27 —	5 —	26 —
9.....	58 —	29 —	7 —	26 —
10.. ..	58 —	29 —	6 —	25 —
11.....	57 —	31 —	7 —	26 —
12....	57 —	29 —	6 —	26 —
13. ...	54 —	29 —	6 —	24 —
14.....	54 —	29 —	5 —	22 1/2 —
15	54 —	27 —	7 —	22 —
16	54 —	26 —	6 —	22 —
17.....	53 —	25 1/2 —	8 1/2 —	21 —
18 ...	52 —	27 —	5 1/2 —	22 —
19.....	50 1/2 —	25 —	7 —	21 1/2 —
20	50 —	27 —	5 1/2 —	22 —
21.....	50 —	25 —	6 —	22 —
22.....	50 —	24 —	6 1/4 —	20 1/2 —
23	48 —	27 —	5 —	20 —
24	48 —	25 —	5 —	19 —
25.. ..	45 —	24 —	5 —	20 —
26. ..	45 —	23 —	6 —	19 —
27.....	37 —	27 —	6 1/2 —	22 —

On voit, au seul examen de ce tableau, que l'*Unio terminalis* Bourguignat est une coquille essentiellement polymorphe. Les rapports de la longueur avec la hauteur maximum et de la longueur avec l'épaisseur maximum sont loin d'être constants. Ainsi, pour une même hauteur maxi-

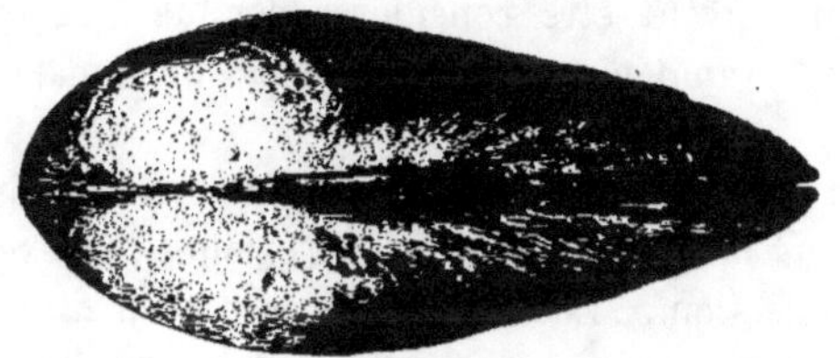

Fig. 53. — *Unio (Limnium) terminalis* Bourguignat.

Lac de Homs. (Récoltes de M. Henri Gadeau de Kerville).

Grandeur naturelle.

mum de 31 millimètres, nous constatons des longueurs variant de 57 millimètres (échantillon 11) à 68 millimètres (échantillon 1) et, pour une même épaisseur maximum de 24 millimètres, des longueurs oscillant entre 54 millimètres (échantillon 13) et 61 millimètres (échantillon 5). Il existe donc des modes *elongata* et *curta* d'une part, des modes *ventricosa* et *compressa* d'autre part.

La forme générale varie également, mais la variation porte, *presque uniquement, sur la région postérieure* qui s'allonge de plus en plus pour atteindre, en passant par tous les intermédiaires, son développement maximum dans la forme décrite, par A. Locard, sous le nom d'*Unio subtigridis*. J'ai figuré (fig. 49 à 52, dans le texte) une série d'échantillons de l'*Unio terminalis* Bourguignat montrant ce passage insensible des formes relativement courtes aux formes très allongées.

Ainsi, en résumé, l'*Unio terminalis* Bourguignat est une espèce polymorphe, mais *toujours caractérisée par sa forme trigone* plus ou moins allongée, ses *sommets très antérieurs,* sa région antérieure courte et arrondie, sa *région postérieure cunéiforme-allongée* et sa *hauteur maximum constamment très voisine des sommets.*

C'est le polymorphisme étendu de l'*Unio terminalis* Bourguignat qui a permis, à quelques auteurs, de décrire divers Unios qui doivent être considérés comme synonymes. Je vais passer rapidement en revue les principales de ces formes.

L'*Unio prosacrus* Bourguignat (pl. XXIII, fig. 5) est *exactement* la même espèce. Il en existe deux exemplaires dans la Collection A. LOCARD, au Muséum d'Histoire naturelle de Paris. Leur forme générale est triangulaire-allongée, avec une région antérieure extra courte, par suite de la position des sommets, et une région postérieure très allongée, conique et pointue, absolument comme dans l'*Unio terminalis* Bourguignat. L'un des exemplaires mesure : longueur 42 millimètres ; hauteur maximum : 24 1/2 millimètres ; épaisseur maximum : 19 1/2 millimètres ; — l'autre spécimen atteint seulement : longueur : 39 millimètres ; hauteur maximum : 21 millimètres ; épaisseur maximum : 17 millimètres [1].

L'*Unio Chantrei* Locard (pl. XXIII, fig. 6) est une coquille de grande taille, mesurant 59 millimètres de longueur, 32 millimètres de hauteur maximum et 24 millimètres d'épaisseur maximum. La forme générale est, comme chez le type, conico-allongée, avec un bombement maximum très antérieur et voisin des sommets. Le bord inférieur, au lieu d'être régulièrement convexe, est subconcave dans sa région médiane. Enfin le rostre est un peu retroussé à son extrémité, ce qui s'observe parfois aussi chez certains exemplaires de l'*Unio terminalis* Bourguignat.

Il est également impossible de considérer l'*Unio Lorteti*

---

1. L'*Unio prosacrus* Bourguignat n'est, selon toute probabilité, qu'une *forme jeune* de l'*Unio terminalis* Bourguignat.

Locard, comme une espèce distincte. Le type de l'auteur, que je figure ici (pl. XXIII, fig. 1), est une coquille très allongée-conique, avec une région antérieure courte, arrondie[1]

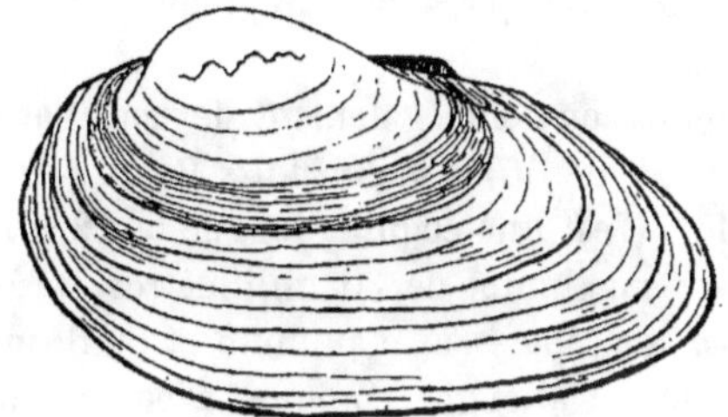

Fig. 54. — *Unio (Limnium) Lorteti* Rolle et Kobelt (non Locard).

> D'après Rolle (H.) et Kobelt (W.), *Beiträge zur Molluskenfauna des Orients;* 1895, taf. V, fig. 3.

et une région postérieure très longue. Le bord inférieur est un peu subrectiligne ou même subconcave en son milieu[2].

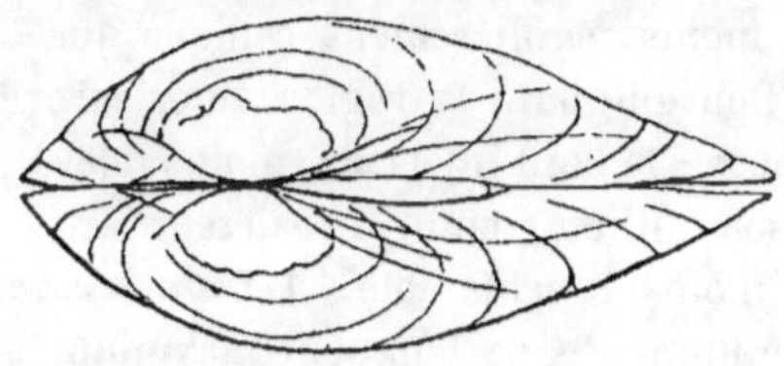

Fig. 55. — *Unio (Limnium) Lorteti* Rolle et Kobelt (non Locard).

> D'après Rolle (H.) et Kobelt (W.), *Beiträge zur Molluskenfauna des Orients;* 1895, taf. V, fig. 3.

1. La région antérieure de cette forme est moins brusquement terminée que dans les exemplaires typiques de l'*Unio terminalis* Bourguignat.

2. L'exemplaire *type* de A. Locard mesure 68 millimètres de longueur maximum; 36 millimètres de hauteur maximum et 27 millimètres d'épaisseur maximum.

11

H. Rolle et W. Kobelt[1] ont publié une figuration de l'*Unio Lorteti* Locard assez différente du type de l'auteur et qui forme un excellent terme de passage entre cette coquille et l'*Unio terminalis* typique[2]. Je la reproduis ici (fig. 54, 55, dans le texte).

Je crois qu'il convient également de considérer comme une *forme locale* de l'*Unio terminalis* Bourguignat, l'*Unio Kobelti* Rolle[3]. C'est une coquille longue de 52 millimètres, d'une hauteur maximum de 30 millimètres, présentant le mode *compressus* (épaisseur maximum : 21 millimètres). La forme générale est allongée conique, avec un bombement maximum voisin des sommets, une région antérieure très courte et une région postérieure allongée et rostrée.

L'*Unio zabulonicus* Kobelt (*non* Locard) appartient encore à l'*Unio terminalis* Bourguignat. C'est une coquille longue de 50 millimètres, haute de 30 millimètres, épaisse de 22 millimètres qui constitue un excellent terme de passage à la variété *ellipsoideus* Bourguignat.

C'est également le cas de l'*Unio axiacus* Locard. De même forme générale (pl. XXIII, fig. 3), cet *Unio* est moins longuement et moins régulièrement conique que chez l'*Unio terminalis* Bourguignat ; la région antérieure est un peu plus développée ; le bord inférieur, moins relevé, est subrectiligne en son milieu ; enfin l'épaisseur est, proportionnellement, moins considérable. L'*Unio axiacus* Locard mesure 58 millimètres de longueur maximum pour 30 3/4 millimètres de hauteur maximum et 21 1/2 millimètres d'épaisseur maximum.

1. Rolle (H.) et Kobelt (W.). — Beiträge zur Molluskenfauna des Orients ; *Iconographie der Land- und Süsswasser- Mollusken* ; Suppl. Band I, 1895, p. 14, n° 4, taf. V, fig. 3.

2. C'est à tort que C. T. Simpson considère l'*Unio Lorteti* Rolle et Kobelt (*non* Locard) comme synonyme de l'*Unio ellipsoideus* Bourguignat.

3. Rolle (H.), in : Rolle (H.) et Kobelt (W.). — *Loc. supra cit.* 1895, p. 15, n° 5, taf. 6, fig. 3.

Localité :

Lac de Homs (très nombreux échantillons rapportés par M. Henri Gadeau de Kerville).

Distribution géographique :

Découvert dans le lac de Tibériade par le voyageur français F. de Saulcy [1], l'*Unio terminalis* Bourguignat vit également dans les lacs d'Antioche [Collection Bourguignat, au Musée de Genève, T. Letourneux, E. Chantre, L. Lortet] et d'Homs [L. Lortet], ainsi que dans l'Oronte [E. Chantre] et dans le Tigre aux environs de Bagdad [J. R. Bourguignat].

Variété **ellipsoideus** (Bourguignat) Locard.

Pl. XXIII, fig, 4, et fig. 56 à 58, dans le texte.

1883. *Unio ellipsoideus* Bourguignat, in : Locard, *Malacologie lacs Tibériade, Antioche et Homs;* p. 17, pl. XXI, fig. 1 - 3.

1883. *Unio genezarethensis* Letourneux, in : Locard, *Malacologie lacs Tibériade, Antioche et Homs;* p. 19, pl. XXI, fig. 4 - 6.

1883. *Unio Jauberti* Bourguignat, in : Locard, *Malacologie lacs Tibériade, Antioche et Homs;* p. 54, pl. XXII, fig. 8 - 10.

1883. *Unio zabulonicus* Bourguignat, in : Locard, *Malacologie lacs Tibériade, Antioche et Homs;* p. 26, taf. XXII, fig. 11 - 13 [*non* Kobelt].

1883. *Unio antiochianus* Locard, *Malacologie lacs Tibériade, Antioche et Homs;* p. 55, pl. XXII, fig. 14 - 16.

1884. *Unio ellipsoideus* Tristram, *Fauna and Flora of Palestine;* p. 203, n° 205.

1884. *Unio zabulonicus* Tristram, *loc. supra cit.;* p. 204, n° 213.

1889. *Unio Jouberti* [2] Blanckenhorn, *Nachrichtsblatt d. deutschen Malakozoolog. Gesellschaft;* p. 89.

1. Cette espèce a également été recueillie, dans le lac d'Antioche, par les naturalistes T. Letourneux et L. Lortet.

2. Il s'agit évidemment ici d'un *lapsus calami*. M. Blanckenhorn a voulu écrire *Jauberti* Bourguignat. L'*Unio Jouberti* Bourguignat [Nouveautés Malacologiques; I. *Unionidæ et Iridinidæ du lac Tanganika;* Paris, 1886, p. 8,] est, en effet, une espèce très différente, qui vit en Afrique, dans le lac Tanganyika.

1889. *Unio antiochianus* Blanckenhorn, *loc. supra cit.* ; p. 89.

1890. *Unio ellipsoideus* Paëtel, *Catalog d. Conchylien - Sammlung;* III p. 151.

1890. *Unio Jauberti* Paëtel, *Catalog d. Conchylien - Sammlung;* III, p. 155.

1890. *Unio genezarethensis* Paëtel, *Catalog d. Conchylien - Sammlung,* III, p. 153.

1890. *Unio zabulonicus* Paëtel, *Catalog d. Conchylien - Sammlung;* III, p. 172.

1890. *Unio ellipsoideus* Westerlund, *Fauna der paläarct. region Binnenconchylien;* VII, p. 171.

1890. *Unio genezarethanus* Westerlund, *loc. supra cit.* ; VII, p. 172.

1890. *Unio Jauberti* Westerlund, *loc. supra cit.* ; VII, p. 176.

1890. *Unio antiochianus* Westerlund, *loc. supra cit.* ; VII, p. 176.

1890. *Unio zabulonicus* Westerlund, *loc. supra cit.;* VII, p. 177.

1893. *Unio Pietri* Rolle et Kobelt, *Iconographie der Land- und Süsswasser - Mollusken;* suppl. Bd. I, p. 16, n° 6, taf. VI, fig. 1 - 2 [*non* LOCARD].

1900. *Unio zabulonicus* Simpson, Synopsis of Naïades, *Proceed. Unit. st. nation. Museum;* XXII, p. 689.

1900. *Unio ellipsoideus* Simpson, *loc. supra cit.;* XXII, p. 690.

1912. *Unio zabulonicus* Kobelt, in : Rossmässler, *Iconographie der Land- und Süsswasser - Mollusken;* n. f., XVIII, p. 57, taf. DVIII, fig. 2675.

1912. *Unio ellipsoideus* Kobelt, in : Rossmässler, *loc. supra cit.;* n, f., XVIII, p. 59, taf. DIX, fig. 2677.

1912. *Unio genezarethanus* Kobelt, in : Rossmässler, *loc. supra cit.;* n. f. XVIII, p. 59, taf. DIX, fig. 2678.

1912. *Unio Jauberti* Kobelt, in : Rossmässler, *loc. supra cit.;* n. f., XVIII, p. 54, taf. DVII, fig. 2670 - 2671.

1913. *Unio (Limnium) terminalis* var. *ellipsoideus* Germain, *Bulletin Muséum Hist. nat. Paris;* XIX, p. 471.

1914. *Unio zabulonicus* Simpson, *A Descriptive Catalogue Naïades* (publ. par BRYANT WALKER); part II, p. 548.

1914. *Unio ellipsoideus* Simpson, *loc. supra cit.;* part II, p. 551.

Il est impossible de séparer, *spécifiquement,* cette coquille de l'*Unio terminalis* Bourguignat, dont elle diffère surtout

par sa forme générale qui est assez régulièrement elliptique.
La longueur varie entre 50 et 60 millimètres, pour une

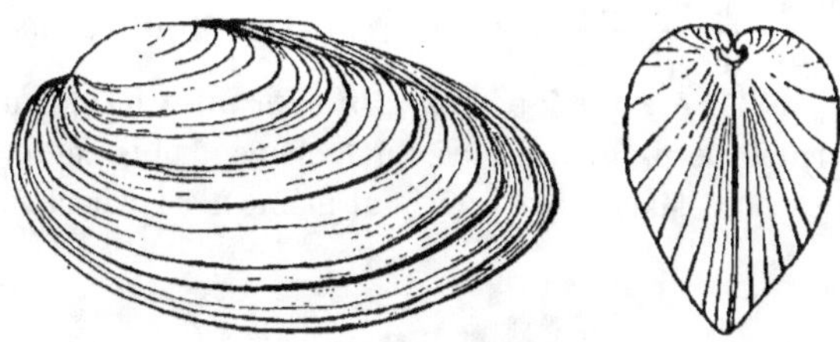

Fig. 56, 57. — *Unio (Limnium) ellipsoideus* (Bourguignat) Locard.

D'après A. Locard, *Malacologie lacs Tibériade,
Antioche et Homs;* 1883, pl. XXI, fig. 1 et 3.

hauteur maximum de 30-35 millimètres [1] et une épaisseur
maximum de 20 à 25 millimètres.

A cette variété, il faut rapporter, comme synonymes :

L'*Unio genezarethensis* Letourneux et Bourguignat, qui
n'en diffère que par sa forme moins allongée, plus ovalo-
circulaire.

L'*Unio zabulonicus* Bourguignat (*non* Kobelt), forme
plus courte, moins régulièrement elliptico-ovalaire, un peu
rostrée.

L'*Unio antiochianus* Locard (pl. XXIII, fig. 4), établi sur
une forme un peu anormale dont les sommets sont moins
antérieurs. Cette coquille mesure 49 millimètres de longueur
maximum pour 32 millimètres de hauteur maximum et 21
millimètres d'épaisseur maximum. La hauteur maximum
est toujours très voisine des sommets, mais la région postérieure est ici proportionnellement moins longue et moins
franchement conique.

---

1. La hauteur maximum est toujours, chez cette variété, voisine
des sommets.

L'*Unio Jauberti* Bourguignat (fig. 58, dans le texte).
Comparée au type de l'*Unio terminalis*, cette coquille
n'en diffère guère que par un seul caractère : le rapport
$\dfrac{\text{Longueur maximum}}{\text{Epaisseur maximum}} = 3$ environ chez l'*Unio Jauberti*,
tandis qu'il n'est que 2,5 chez l'*Unio terminalis*. En d'au-
tres termes, le premier est très notablement plus comprimé
que le second. Mais ce caractère lui-même n'est pas constant

Fig. 58. — *Unio (Limnium) Jauberti* Bourguignat.

Lac d'Antioche.

Collection A. Locard, au Muséum national d'Histoire
naturelle de Paris.

Grandeur naturelle.

puisqu'on trouve, entre ces deux extrêmes, tous les intermédiaires. Tous les autres caractères concordent avec ceux
que nous avons indiqués pour la variété *ellipsoideus* Bourguignat : même forme générale elliptique-allongée ; même
bombement maximum voisin des sommets et même hauteur
maximum très rapprochée des sommets.

L'*Unio Pietri* Rolle et Kobelt (*non* Locard). De taille
sensiblement plus grande (longueur maximum : 66 millimètres, hauteur maximum : 36 millimètres, épaisseur
maximum : 23 millimètres), relativement comprimée, cette
coquille, qui vit dans le lac d'Antioche, est très voisine,
comme forme générale, de l'*Unio antiochianus* Locard.

Enfin l'*Unio herodes* Kobelt, dont il a été précédemment question [1], n'est guère qu'une forme moins ovalaire, avec un bord supérieur moins franchement descendant, de la variété *ellipsoideus* Bourguignat.

LOCALITÉ :

Lac de Homs [Récoltes de M. HENRI GADEAU DE KERVILLE].

DISTRIBUTION GÉOGRAPHIQUE :

L'*Unio* (*Limnium*) *terminalis* variété *ellipsoideus* Bourguignat, vit dans les lacs de Tibériade, d'Antioche et d'Homs.

Famille des SPHÆRIDÆ.

Genre SPHÆRIUM Scopoli, 1777 [2].

Le genre *Sphœrium* est très mal représenté en Syrie et en Palestine. Seul, jusqu'ici, M. PH. DAUTZENBERG a signalé, sous le nom de ? *Sphœrium* (*Musculium*) *lacustre* Müller [3], une espèce recueillie par M. TH. BARROIS à Aïn-el-Mousaieh. Encore cette détermination est-elle douteuse puisque l'auteur ajoute :

« Les caractères extérieurs de l'exemplaire unique recueilli par M. BARROIS nous ont paru concorder avec ceux de cette espèce ; mais lorsque nous avons essayé de séparer les valves pour examiner la charnière, la coquille s'est brisée de telle sorte qu'il ne nous a pas été possible de la reconstituer. Aussi notre détermination reste-t-elle douteuse au point de

1. Voir, ci-dessus, p. 32, et fig. 12, dans le texte.

2. SCOPOLI (J. A.). — Introductio ad historiam naturalem sistens genera lapidum, plantarum et animalium hactenus detecta, caracteribus essentialibus donata, in tribus divisa, subinde ad leges naturæ; Pragæ, 1777, in-8, p. 397.

3 MULLER (O. F.). — *Vermium terrestr. et fluv. histor.;* II, 1774, p. 204, n° 388 [*Tellina lacustris*].

vue spécifique. Il est toutefois bien acquis que le genre *Sphærium* est représenté en Syrie » [1].

§ I. — CALYCULINA Clessin, 1872 [2]

Sphærium (Calyculina!) sp. ind.

M. Henri Gadeau de Kerville a récolté, dans les marettes qui, à Hidachariyé, bordent le Barada, rivière de la région verdoyante de Damas (entre 650 et 700 mètres d'altitude), des exemplaires jeunes, spécifiquement indéterminables, d'un *Sphærium* appartenant au sous-genre *Calyculina*. Cette découverte est intéressante, car elle confirme l'existence, en Syrie, du genre *Sphærium*.

Genre PISIDIUM C. Pfeiffer, 1821 [3].

En dehors du *Pisidium (Fossarina) cedrorum* Clessin, dont il sera question plus loin, il n'a été signalé, en Syrie et en Palestine, que les deux espèces suivantes :

Le *Pisidium (Fossarina) casertanum* Poli [4], espèce répandue dans la plus grande partie de l'Europe méridionale et qui a été indiquée aux environs de Baalbek et de Damas, peut-être par confusion avec le *Pisidium (Fossarina) cedrorum* Clessin ;

1. Dautzenberg (Ph.). — Liste des Mollusques terr. et fluv. recueillis par M. Th. Barrois en Palestine et en Syrie; *Revue biologique Nord France;* VI, 1894, p. 25.

2. Clessin (S.). — *Malakozool. Blätter,* 1872.

3. Pfeiffer (C). — *Naturgeschichte Deutscher Land - und Süsswasser-Mollusken. Systemat, Anordnung und Beschreib. Deutscher Land- und Wasser-Snecken, etc...* 1821.

4. Poli (J. X.). — *Testacea utriusque Siciliæ, eorumque historia et anatome, tabulis æneis illustrata;* 1, 1791, p. 65, tab. XVI, fig. 1 *(Cardium casertanum).*

Et le *Pisidium (Fossarina) obliquatum* Clessin [1], petite
coquille recueillie par TH. BARROIS à Aïn-el-Mousaieh, à
Aïn-el-Kassah et à Aïn-el-Djaz [2].

§ I. — FOSSARINA Clessin, 1873 [3].

Pisidium (Fossarina) cedrorum Clessin.

1879. *Pisidium cedrorum* Clessin; *Die Familie der* Cycladeen, in :
    Martini et Chemnitz, *Systemat. Conchylien-Cabinet;* p. 42,
    n° 26, taf. IV, fig. 22-23.

1889. *Pisidium cedrorum* Blanckenhorn, *Nachrichtsblatt d. Deutschen
    Malakozoolog. Gesellschaft;* p. 90.

1890. *Pisidium (Fossarina) cedrorum* Westerlund, *Fauna der paläarct.
    region Binnenconchylien;* VII, p. 29.

1913. *Pisidium (Fossarina) cedrorum* Germain, *Bulletin Muséum Hist.
    natur. Paris;* XIX, p. 472, n° 31.

Coquille de forme générale subtriangulaire, assez comprimée; région antérieure courte, tronquée; région postérieure allongée, deux fois aussi développée que l'antérieure;
bord antérieur descendant; bord postérieur rectiligne jusqu'à
sa rencontre avec le bord inférieur qui est très largement
convexe; sommets gros, obtus, un peu proéminents; liga-
ments courts, peu robustes; charnière comprenant, sur la
valve droite : une dent cardinale petite, deux lamelles antérieures assez longues, la supérieure forte et tranchante,

1. CLESSIN (S), in : MARTENS (D' E. VON). — *Mollusca*, in :
FEDTSCHENKO. — *Reise nach Turkestan;* 1874, p. 36, n° 53, taf. III,
fig. 31.

2. DAUTZENBERG (PH) qui signale cette espèce dans sa « Liste de
Mollusques terrestres et fluviatiles recueillis par M. TH. BARROIS en
Palestine et en Syrie » [*Revue biologique Nord France;* VI, 1894,
p. 354 (tirés à part, p. 25)], ajoute : « Les spécimens récoltés par
M. BARROIS concordent parfaitement avec les exemplaires de *P. obli-
quatum* recueillis par le B°ⁿ VON ROSEN dans la Transcaspie, à
Subulii ».

3. CLESSIN (S.), in : WESTERLUND (C. A.). — *Fauna Mollusca
Sueciæ;* 1873.

12

l'inférieure moins forte mais plus longue, et deux lamelles postérieures, l'inférieure plus longue et plus forte que la supérieure ; sur la valve gauche : deux dents cardinales petites, une lamelle antérieure courte, assez élevée, et enfin une lamelle postérieure longue, mince et étroite ; impressions musculaires : l'antérieure faible, la postérieure très faible, la palléale très nettement marquée.

Longueur maximum : 6 1/2 millimètres ; hauteur maximum : 4 1/2 millimètres ; épaisseur maximum : 3 millimètres [1].

Test assez mince, fragile, d'un gris cendré verdâtre, orné d'une bande jaune bordant le bord inférieur de la coquille ; stries assez fortes, concentriques, très irrégulières, non atténuées vers les régions antérieure et postérieure, un peu lamelleuses vers le bord inférieur.

Ce *Pisidium* ne semble pas très rare, surtout dans les marécages et petits ruisseaux de la région verdoyante de Damas où il vit en colonies assez populeuses. Il y présente un certain polymorphisme.

La taille, relativement peu variable quand l'animal est adulte, ne dépasse pas 6 1/2 millimètres chez les grands individus.

La forme est plus ou moins allongée : pour une longueur de 6 1/2 millimètres, on observe des échantillons mesurant 4 1/2-5 ou même 5 1/4 millimètres de hauteur maximum ; mais ces individus de forme très élevée appartiennent à une variété particulière, définie ci-dessous.

La coloration, d'un gris cendré, est quelquefois jaunâtre, les jeunes individus étant toujours plus nettement colorés en jaune que les adultes. Enfin la sculpture est plus ou moins accentuée suivant les spécimens.

---

1. Clessin (S.) — [*Loc. supra cit.*; 1879, p. 42] donne les dimensions suivantes : longueur : 5,2 millimètres ; hauteur : 4 millimètres ; épaisseur : 2,3 millimètres ; dimensions qui correspondent à des individus de taille moyenne.

Variété **baradensis** Germain, *nov. var.*

Pl. XXI, fig. 17, 25 et 26.

1913. *Pisidium (Fossarina) cedrorum* var. *baradensis* Germain, *Bulletin Muséum Hist. natur. Paris; XIX, p. 472, (sans description).*

Coquille de forme moins allongée, plus nettement triangulaire et plus globuleuse (Longueur maximum : 6 - 6 1/2 millimètres ; hauteur maximum : 5 - 5 1/2 millimètres ; épaisseur maximum : 3 1/4 - 3 1/2 millimètres) ; région antérieure proportionnellement plus courte ; région postérieure plus longuement acuminée, terminée par un rostre placé un peu bas ; même bord inférieur très convexe.

Test sans bande jaune le long du bord inférieur, d'un gris cendré uniforme ; stries beaucoup plus fines, plus serrées et plus régulières.

Les jeunes sont plus franchement triangulaires et fortement comprimés.

Mares, à Hidachariyé, au bord du Barada, rivière de la région verdoyante de Damas, entre 650 et 700 mètres d'altitude ; assez commun [Henri Gadeau de Kerville].

LOCALITÉS :

Dans un fossé de la région verdoyante de Damas, entre 650 et 700 mètres d'altitude [Henri Gadeau de Kerville].

Dans un ruisseau communiquant avec le Barada, rivière de la région verdoyante de Damas, entre 650 et 700 mètres d'altitude [Henri Gadeau de Kerville].

Mares, à Hidachariyé, au bord du Barada, rivière de la région verdoyante de Damas, entre 650 et 700 mètres d'altitude [Henri Gadeau de Kerville].

Dans un ruisseau de la plaine de Baalbek, à 1,100 mètres d'altitude environ [Henri Gadeau de Kerville].

Mare d'Addous, près de Baalbek, vers 1,100 mètres d'altitude [Henri Gadeau de Kerville].

Lac de Yamouné, dans le Liban [HENRI GADEAU DE KER-
VILLE].

Avant le voyage de M. HENRI GADEAU DE KERVILLE, le
Pisidium (Fossarina) cedrorum Clessin, n'était connu que
des petits ruisseaux des environs de Rhedan, dans l'Anti-
liban.

Famille des CYRENIDÆ.

Genre CORBICULA Megerle von Mühlfeldt, 1811[1].

Corbicula fluminalis Müller.

Fig. 59 à 62, dans le texte.

1774. *Tellina fluminalis* Müller, *Verm. terrest. et fluv. histor.;* II,
p. 205, n° 390

1774. *Tellina fluviatilis* Müller, *Verm. terrest. et fluv. histor.;* II,
p. 206, n° 392.

1782. *Venus fluminalis euphratis* Martini et Chemnitz, *System. Conchylien-Cabinet;* VI, p. 319, tab. XXX, fig. 320.

1782. *Venus fluviatilis* Martini et Chemnitz, *System. Conchylien-Cabinet;* VI, p. 320, tab. XXX, fig. 321.

1788. *Tellina fluminalis* Gmelin, *Systema naturæ;* éd. XIII, p. 3.242.

1817. *Tellina fluminalis* Dillwyn, *A Descriptive Catalogue of recent
Shells;* 1, p. 106, n° 78.

1817. *Tellina fluviatilis* Dillwyn, *loc. supra cit.;* 1, p. 106, n° 80.

1818. *Cyrena orientalis* de Lamarck, *Histoire naturelle Animaux sans
vertèbres;* V, p. 562[2], n° 2.

1818. *Cyrena cor* de Lamarck, *loc. supra cit.;* V, p. 562, n° 3.

1. MUHLFELDT (MEGERLE VON). — Entwurf eines neuen System's
Schalthiergehause, *Magaz. Gesellschaft Naturforsch Freunde Berlin;*
V, 1811, p. 38.

2. Par suite d'une erreur typographique, les pages 561 à 622 du
tome V de l'*Histoire naturelle des Animaux sans vertèbres* sont paginées
551 à 612.

1818. *Cyrena fuscata* de Lamarck, *loc. supra cit.*; V, p. 562, n° 4.

1823. *Cyrena consobrina* Cailliaud, *Voyage à Méroë*; IV, p. 263; et *Atlas* (1827), Pl. LXI, fig. 10 - 11.

1827. *Cyrena consobrina* Audoin, *Explication des Planches*[1], in : Savigny, *Description de l'Égypte*, pl. VII, fig. 7.

1832. *Cyrena cor* Deshayes, *Vers*, in : *Encyclopédie méthodique*; II, p. 49, pl. CCCI, fig. 2 a, b.

1835. *Cyrena orientalis* de Lamarck, *Histoire naturelle Animaux sans vertèbres*; éd. II [par DESHAYES], VI, p. 273, n° 2.

1835. *Cyrena cor* de Lamarck, *loc. supra cit.*; éd. II [par DESHAYES], VI, p. 274, n° 3.

1835. *Cyrena fuscata* de Lamarck, *loc. supra cit.*; éd. II [par DESHAYES], VI, p. 274, n° 4.

1841. *Cyrena fuscata* Eichwald, *Fauna Caspio - Caucasica*; (Petropoli), p. 210.

1849. *Cyrena sp.* Hutton, *Journal Asiatic Society of Bengal*; XVIII, part II, p. 558.

1853. *Cyrena consobrina* Deshayes, *Catalogue Conchifera or biv. Shells in the Collect. of the British Museum*; *Veneridæ*; p. 221.

1853. *Cyrena fluminalis* Bourguignat, *Catalogue rais. Mollusques terr. fluv. Saulcy Orient*; p. 79.

1854. *Cyrena fluviatilis* Mousson, *Coquilles terr. fluv. Bellardi Orient*; p. 53, n° 23.

1856. *Cyrena fluminalis* Bourguignat, *Revue et Magasiu de Zoologie*; n° 2; et *Aménités malacologiques*; 1, p. 152.

1861. *Cyrena fluviatilis* Mousson, *Coquilles terr. fluv. Roth Palestine*; p. 63, n° 68.

1861. *Cyrena cor* Mousson, *Coquilles terr. fluv. Roth Palestine*; p. 64, n° 69.

1864. *Cyrena fluminalis* Martens, *Zeitschrift der Deutschen Geologischen Gesellschaft*; p. 348.

1865. *Cyrena fluviatilis* Tristram, *Proceedings Zoological Society of London*; p. 543.

1866. *Cyrena (Corbicula) cor* Martens, *Malakozoologische Blätter*; p. 13, n° 1 ?

1. Les Planches ont paru en 1805 ; l'explication des Planches, par AUDOIN, n'a été publiée qu'en 1827.

1866. *Cyrena (Corbicula) consobrina* Martens, *Malakozoologische Blätter*; p. 14.

1866. *Cyrena Friwaldskyana* Zelebor, in : Martens, *Malakozoologische Blätter*; p. 14.

1868. *Cyrena consobrina* Heuglin, *Reise nach Abyssinien, den Galla-Ländern, Ost-Sudan und Chartum* (Iena, in-8°), p. 290.

1868. *Cyrena cor* Morelet, *Mollusques terrestres fluviatiles voyage Welwitsch*; p. 40.

1868. *Cyrena Saulcyi* Bourguignat, *Mollusques nouveaux, litigieux, peu connus*; p. 315, n° 99, pl. XLV, fig. 6-9.

1871. *Cyrena (Corbicula) fluminalis* Martens, *Malakozoologische Blätter*; p. 61, n° 21, taf. I, fig. 12-13-14; et p. 66, n° 4.

1873. *Cyrena consobrina* Jickeli, Reisebericht (en Abyssinie), *Malakozoologische Blätter*; p. 11, 20, 23 et 91.

1874. *Corbicula fluminalis* Jickeli, *Fauna der Land- und Süsswasser-Mollusken N. O. Afrik*; p. 283, n° 189, taf. XI, fig. 4-9.

1874. *Cyrena (Corbicula) cor* Mousson, *Journal de Conchyliologie*; XXII, p. 54, n° 27 et p. 60, n° 30.

1874. *Cyrena (Corbicula) fluminalis* Mousson, *Journal de Conchyliologie*; XXII, p. 55, n° 28 et p. 60, n° 31.

1874. *Cyrena (Corbicula) fluminalis* Martens, *Vorderasiatische Conchylien*; p. 37, taf. IX, fig. 57 et p. 69 *(part.)*.

1874. *Cyrena (Corbicula) Saulcyi* Martens, *Vorderasiatische Conchylien*; p. 69.

1874. *Corbicula fluminalis* Martens, in : Fedtschenko, *Reise in Turkestan; Mollusken*; p. 34, taf. II, fig. 29.

1875. *Cyrena cor* Reeve, *Conchologia Iconica*; XX, *Cyrena*, pl. XII, sp. 51, fig. 51.

1875. *Cyrena orientalis* Reeve, *Conchologia Iconica*; XX, Cyrena, sp. 54 [1].

1879. *Cyrena orientalis* Clessin, Cycladea, in : Martini et Chemnitz, *Systemat. Conchylien-Cabinet*; éd. II, p. 159, taf. XXVII, fig. 1-2.

1879. *Cyrena fluviatilis* Clessin, in : Martini et Chemnitz, *loc. supra cit.*; p. 151, taf. XXVII, fig. 3-5.

1879. *Cyrena consobrina* Clessin, in : Martini et Chemnitz, *loc. supra cit.*; p. 160, taf. XXVIII, fig. 4-6.

---

1 Il n'y a pas de fig. 54.

1879. *Cyrena cor* Clessin, in : Martini et Chemnitz, *loc. supra cit.* ;
    p. 159, taf. XXVIII, fig. 10 - 12.

1879. *Cyrena maltzaniana* Clessin, in : Martini et Chemnitz, *loc. supra cit.* ; p. 132, taf. XXIV, fig. 3 - 4.

1879. *Cyrena compressa* Clessin, in : Martini et Chemnitz, *loc. supra cit.* ; p. 165, taf. XXIX, fig. 11 - 12.

1881. *Corbicula fluminalis* Boettger, *Jahrbucher der Deutschen Mala-kozoolog. Gesellschaft ;* VIII, p. 259, n° 126.

1881. *Corbicula fluminalis* var. *Saulcyi* Kobelt, *Catalog. paläarct. Binnenconchylien ;* éd. II, p. 169.

1881. *Corbicula fluminalis* var. *consobrina* Kobelt, *loc. supra cit.* ; éd. II, p. 169.

1883. *Corbicula Saulcyi* Locard, *Malacologie lacs Tibériade, Antioche et Homs ;* p. 27.

1883. *Corbicula syriaca* Bourguignat, in : Locard, *loc. supra cit.* ; p. 29, pl. XXII, fig. 22 - 24, p. 64 et p. 83.

1883. *Corbicula fluminalis* Locard, *loc. supra cit.* ; p. 28 et p. 62, pl. XXII, fig. 17 - 18.

1883. *Corbicula Feliciani* Bourguignat, in : Locard, *loc. supra cit.* ; p. 63, pl. XXII, fig. 19 - 21.

1883. *Corbicula hebraica* Locard, *loc. supra cit.* ; p. 65, pl. XXII, fig. 27 - 29.

1883. *Corbicula consobrina* Bourguignat, *Histoire malacologique Abys-sinie ;* p. 133; et *Annales sciences naturelles ;* 6ᵉ série, XV ; même pagin.

1884. *Corbicula Saulcyi* Tristram, *Fauna and Flora of Palestine ;* p. 200, n° 184.

1884. *Corbicula fluminalis* Tristram, *loc. supra cit.* ; p. 200, n° 185.

1884. *Corbicula syriaca* Tristram, *loc. supra cit.* ; p. 200, n° 186.

1889. *Corbicula œgyptiaca* Bourguignat, *Mollusques Afrique équato-riale ;* p. 190 (*sans description*).

1889. *Corbicula Degousei* Bourguignat, *loc. supra cit.* ; p. 190 (*sans descript.*).

1889. *Corbicula subtruncata* Bourguignat, *loc. supra cit.* ; p. 190 (*sans descript.*).

1890. *Corbicula fluminalis* Westerlund, *Fauna der paläarct. region Binnenconchylien ;* VII, p. 1, n° 1.

1890. *Corbicula fluminalis* var. *fluviatilis* Westerlund, *loc. supra cit.* ; p. 2.

1890. *Corbicula fluminalis* var. *consobrina* Westerlund, *loc. supra cit.* ; p. 2.

1890. *Corbicula fluviatilis* var. *orientalis* Westerlund, *loc. supra cit.* ; p. 2.

1890. *Corbicula fluviatilis* var. *Saulcyi* Westerlund, *loc. supra cit.* ; p. 2

1890. *Corbicula fluviatilis* var. *compressa* Westerlund, *loc. supra cit.* ; p. 2.

1890. *Corbicula cor* Westerlund, *loc. supra cit.* ; p. 3, n° 2.

1890. *Corbicula feliciani* Westerlund, *loc. supra cit.* ; p. 4, n° 9.

1890. *Corbicula syriaca* Westerlund, *loc. supra cit.* ; p. 4, n° 10.

1890. *Corbicula hebraica* Westerlund, *loc. supra cit.* ; p. 4, n° 11.

1890. *Corbicula fluminalis* Servain, *Bulletin Société malacologique de France* ; VII, p. 286 *(part.)* [1].

1894. *Corbicula fluminalis* Dautzenberg, *Revue biologique Nord France* ; VI, p. 353 (tirés à part, p. 24).

1897 *Corbicula fluminalis* Rolle et Kobelt, in : Rossmässler, *Iconographie der Land- und Süsswasser-Mollusken ; Suppl. Band* I, p. 61, n° 1, taf. 8, fig. 4; taf. 25, fig. 1 - 4; taf. 26, fig. 6 - 7; taf. 27, fig. 1 - 6 et taf. 28, fig. 8 - 9.

1897. *Corbicula Saulcyi* Rolle et Kobelt, *loc. supra cit.* ; p. 64, n° 5, taf. 28, fig. 5 - 6.

1897. *Corbicula syriaca* Rolle et Kobelt, *loc. supra cit.* ; p. 64, n° 6, taf. 27, fig. 7 - 8.

1897. *Corbicula feliciani* Rolle et Kobelt, *loc. supra cit.* ; p. 65, n° 7, taf. 27, fig. 11 - 12.

1897 *Corbicula maltzaniana* Rolle et Kobelt, *loc. supra cit.* ; p. 65, n° 8, taf. 26, fig. 4 - 5.

1897. *Corbicula consobrina* Rolle et Kobelt, *loc. supra cit.* ; p. 65, n° 9, taf. 28, fig. 3 - 7.

1897. *Corbicula cor?* Rolle et Kobelt, *loc. supra cit.* ; p. 67, n° 13, taf. 26, fig. 12 - 13.

1904. *Corbicula consobrina* Pallary, *Bulletin Institut Égyptien* ; p. 8.

1905. *Corbicula fluminalis* Neuville et Anthony, *Bulletin Muséum Hist. natur. Paris* ; XI, n° 2, p. 116.

1906. *Corbicula fluminalis* Neuville et Anthony, *Bulletin Muséum Hist. natur. Paris* ; XII, n° 6, p. 409.

---

1. Voir, à ce sujet, un peu plus loin, p. 100.

1906. *Corbicula consobrina* Germain, *Bulletin Muséum Hist. natur. Paris*; XII, p. 582, fig. 17 a.

1906. *Corbicula kynganica* Bourguignat, in : Germain, *Bulletin Muséum Hist. natur. Paris*; XII, p. 582, fig. 18 a [1].

1906. *Corbicula subtruncata* Germain, *Bulletin Muséum Hist. natur. Paris*; XII, p. 582, fig. 17 c [1].

1906. *Corbicula ægyptiaca* Germain, *Bulletin Muséum Hist. natur. Paris*; XII, p. 582, fig. 17 b [1].

1906. *Corbicula Degousei* Bourguignat, in : Germain, *Bulletin Muséum Hist. natur. Paris*; XII, p. 583, fig. 17 d [1].

1906. *Corbicula Cameroni* Bourguignat, in : Germain, *Bulletin Muséum Hist. natur. Paris*; XII, p. 583; fig. 18 d [1].

1906. *Corbicula Jouberti* Bourguignat, in : Germain, *Bulletin Muséum Hist. natur. Paris*; XII, p. 583, fig. 18 c [1].

1906. *Corbicula fluminalis* Neuville et Anthony, *Comptes-Rendus Académie Sciences Paris*; 2 juillet.

1906. *Corbicula fluminalis* Neuville et Anthony, *Bulletin Société philomatique Paris*; 9ᵉ série, VIII, p. 31.

1908. *Corbicula fluminalis* Neuville et Anthony, *Annales Sciences naturelles; Zoologie*, 9ᵉ série, VIII, p. 336.

1909. *Corbicula subtruncata* Pallary, *Catalogue faune malacologique Égypte*; p. 70.

1909. *Corbicula subtruncata* var. *ægyptiaca* Pallary, *Catalogue faune malacologique Égypte*, p. 70.

1909. *Corbicula consobrina* Pallary, *Catalogue faune malacologique Égypte*; p. 71, fig. 2.

1909. *Corbicula nilotica* Bourguignat, in : Pallary, *Catalogue faune malacologique Egypte*; p. 71.

1909. *Corbicula bithydea* Bourguignat, in : Pallary, *Catalogue faune malacologique Égypte*; p. 71.

1909. *Corbicula eucistæra* Bourguignat, in : Pallary, *Catalogue faune malacologique Égypte*; p. 71.

1909. *Corbicula chlora* Bourguignat, in : Pallary, *Catalogue faune malacologique Égypte*, p. 71.

1911. *Corbicula fluminalis* Germain, *Notice Malacologique, in : Documents scientifiques Mission Tilho*; II, p. 216.

1913. *Corbicula fluminalis* Germain, *Bulletin Muséum Hist. natur. Paris*; XIX, p. 473, n° 32.

---

1. Toutes ces formes considérées, dans ce travail, comme synonymes du *Corbicula consobrina* Cailliaud.

13

De tous les Pélécypodes de l'Asie Antérieure, le *Corbicula fluminalis* Müller est, de beaucoup, le plus répandu. Il vit, en colonies extrêmement populeuses, non seulement dans les grands lacs, mais encore dans la plupart des fleuves et des rivières.

Comme presque tous les Mollusques communs, le *Corbicula fluminalis* présente un polymorphisme étendu. Aussi a-t-on créé, aux dépens de cette Corbicule, un grand nombre d'espèces qui ne sauraient être maintenues.

Déjà DE LAMARCK, dans son *Histoire des Animaux sans vertèbres*, avait distingué, sous le nom de *Cyrena orientalis*, *Cyrena cor* et *Cyrena fuscata*, trois Corbicules que DESHAYES réunit avec raison. Cet auteur ajoute :

« Lorsque l'on voudra examiner, comme nous l'avons fait, les types de ces espèces, on y reconnaîtra des variétés d'âge et de localité d'une même espèce, variant comme les autres dans des limites déterminées. Ce qui a contribué à nous affirmer dans cette opinion, c'est que, ayant eu l'occasion de voir un assez grand nombre d'individus d'une même localité, nous y avons retrouvé, avec tous les intermédiaires, les trois variétés principales dont Lamarck a fait trois espèces. Par suite de ces adjonctions, il faudra ajouter dans la synonymie de l'espèce type les *Venus fluminalis* et *fluviatilis* de Müller, et des auteurs linnéens »[1].

L'opinion de G. P. DESHAYES est parfaitement fondée. Depuis, quelques auteurs ont décrit, comme espèces nouvelles, des Corbicules qui appartiennent incontestablement à l'espèce de O. F. MULLER. J'ai relevé ces espèces dans la synonymie. Je me contenterai donc de donner quelques détails complémentaires sur les principales de ces formes.

Le *Corbicula Saulcyi* Bourguignat (fig. 59 à 62, dans le texte), est une coquille épaisse, ventrue, renflée vers les sommets, longue de 36 millimètres, haute de 35 millimètres,

---

1. DESHAYES (G. P.), in : LAMARCK (DE). — *Histoire naturelle des Animaux sans vertèbres;* 2ᵉ édition; VI, 1835, p. 273, note 1.

et épaisse de 10 1/2 millimètres. Recueillie dans le Jourdain, par le voyageur et archéologue français F. DE SAULCY, elle ne se distingue guère que par son « test grossièrement sillonné par des striations transverses, irrégulières, plus ou moins fortes et saillantes »[1]. Quelques années plus tard A. LOCARD, étudiant cette même forme, écrivait :

« Le *Corbicula Saulcyi* est surtout caractérisé par le mode d'ornementation de son test qui paraît terne, rugueux,

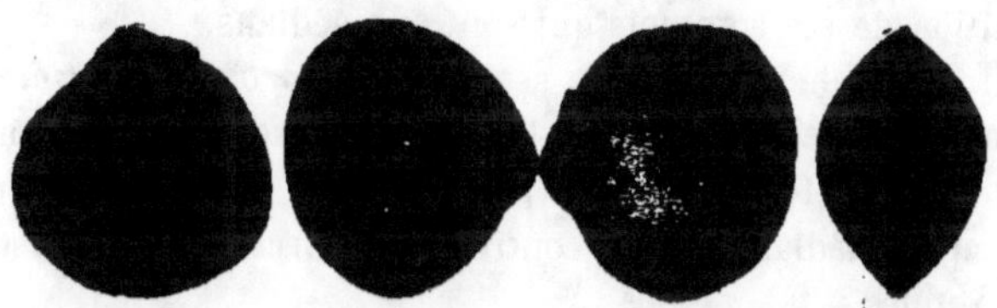

Fig. 59 à 62. — *Corbicula Saulcyi* Bourguignat.

D'après J. R. BOURGUIGNAT, *Mollusques nouv.,
litigieux, peu connus*, 1868, pl. XLV,
fig. 7 - 9.

grâce aux nombreuses striations concentriques grossières et irrégulières qui sillonnent la surface entière des valves. Chez le *Corbicula fluminalis*, au contraire, ce même test est brillant et orné d'élégantes côtes concentriques, régulièrement distantes, laissant entre elles un espace lisse »[2].

Il ne saurait être question de considérer de tels caractères comme spécifiques : le *Corbicula Saulcyi* Bourguignat n'est bien évidemment qu'une forme très adulte ou même sénile du *Corbicula fluminalis* Müller.

Dans sa « *Malacologie des lacs de Tibériade, d'Antioche*

1. BOURGUIGNAT (J. R). — *Mollusques nouveaux, litigieux, peu connus ;* 1868, p. 315.

2. LOCARD (A.). — *Malacologie des lacs de Tibériade, d'Antioche et d'Homs ;* 1883, p. 28.

et d'Homs », A. Locard a décrit et figuré, sous les noms de *Corbicula syriaca* (Bourguignat) Locard, *Corbicula Feliciani* (Bourguignat) Locard, *Corbicula hebraica* (Bourguignat) Locard, trois Corbicules qu'il faut encore réunir au *Corbicula fluminalis* Müller.

La première est une coquille subtrigone, longue de 19-24 millimètres, haute de 17-21 millimètres et épaisse de 11-16 millimètres, qui ne diffère du *Corbicula fluminalis* Müller, que par sa forme proportionnellement moins large et la position de ses sommets qui sont submédians.

Il en est de même de la seconde, le *Corbicula Feliciani* (Bourguignat) Locard. Ici les sommets sont encore moins antérieurs ; toujours très proéminents, ils sont devenus presque médians [1]. Par contre, les autres caractères sont identiques [2].

Quant à la troisième, le *Corbicula hebraica* (Bourguignat) Locard, c'est une coquille subtrigone, allongée, plus petite, puisqu'elle n'atteint que 12 1/2 millimètres de longueur pour 10 1/2 millimètres de hauteur maximum et 7 millimètres d'épaisseur maximum. Ici encore les sommets sont presque médians. L'étude de la diagnose et des figures publiées par A. Locard conduit à considérer cette Corbicule comme une *forme jeune* du *Corbicula fluminalis* Müller et, plus spécialement, de la forme de coquille nommée *Corbicula syriaca* (Bourguignat) Locard [3].

---

1 Les sommets sont *généralement antérieurs* chez le *Corbicula fluminalis* Müller ; mais, en étudiant une série d'individus provenant d'une *même colonie*, on observe tous les passages entre les échantillons à sommets antérieurs et ceux à sommets médians.

2. La taille est assez forte : 29 millimètres de longueur pour 27 millimètres de hauteur maximum et 17 1/2 millimètres d'épaisseur maximum.

3. L'examen comparatif des figures données par A. Locard ne laisse d'ailleurs guère de doute [*Corbicula hebraica*, pl. XXII, fig. 27-29 et *Corbicula syriaca*, pl. XXII, fig. 22-24] et, d'autre part, le test du *Corbicula hebraica* (Bourguignat) Locard, est relativement mince, brillant, marron verdâtre, orné d'une sculpture délicate et régulière (avec des sommets faiblement saillants) comme chez les jeunes *Corbicula fluminalis* Müller.

Le domaine géographique étendu occupé par le *Corbicula fluminalis* Müller, a également conduit, notamment pour les formes vivant en Afrique, à la création de nombreuses espèces.

J'ai précédemment montré qu'il fallait considérer, comme synonymes, les *Corbicula ægyptiaca* Bourguignat, *Corbicula Cameroni* Bourguignat, *Corbicula subtruncata* Bourguignat, *Corbicula Degousei* Bourguignat et *Corbicula kynganica* Bourguignat [1], qui habitent l'Afrique orientale.

Il est également fort probable que les *Corbicula radiata* Parreyss [2], *Corbicula pusilla* Parreyss [3] et *Corbicula Jickelii* Clessin [4] ne sont que des formes jeunes du *Corbicula fluminalis* Müller.

Enfin il existe, dans la Collection J.-R. BOURGUIGNAT, au Musée d'Histoire naturelle de Genève, un grand nombre de Corbicules manuscrites dont P. PALLARY a relevé les noms en 1909 en ajoutant « qu'il est certain que ces espèces ont été trop rapprochées et qu'il aurait bien mieux valu considérer certaines d'entre elles comme de simples variétés. De plus, nous soupçonnons fort qu'une partie de ces espèces... a été établie sur des individus non encore parvenus à leur entier développement » [5].

Il est à supposer que beaucoup de ces Corbicules appar-

1 GERMAIN (LOUIS). — Contribution à la faune malacologique de l'Afrique équatoriale, VIII, Sur quelques Corbicules de l'Afrique équatoriale; *Bulletin Muséum Hist. natur. Paris;* 1906, n° 7, p. 581-585, fig. 17-18.

2. PARREYSS, in : PHILIPPI. — *Abbild. und Beschreib. neuer Conchyl.;* II. 1846, p. 78, taf. 1, fig. 8 *(Cyrena radiata)*.

3. PARREYSS, in : PHILIPPI. -- *Loc. supra cit.;* 1846, p. 78, taf. 1, fig. 7 *(Cyrena pusilla)*.

4. CLESSIN (S.), in : JICKELI. — *Land- und Süsswasser - Mollusken N. O. Afrik.;* 1874, taf. XI, fig. 11.

5. PALLARY (P.). — Catalogue de la faune malacologique d'Égypte; *Mémoires Institut égyptien du Caire;* VI, fasc. 1, novembre 1909, p. 73.

tiennent au *Corbicula fluminalis* Müller. En voici la liste, avec l'indication des localités où elles ont été recueillies :

Corbicula aboula Bourguignat. Fossés à Alexandrie.

Corbicula alexandrina Bourguignat. Mahmoudieh.

Corbicula ampla Bourguignat. Canal d'eau douce de Suez.

Corbicula aniaria Bourguignat. Fossés d'Alexandrie.

Corbicula aremna Bourguignat. Fossés d'Alexandrie.

Corbicula aresca Bourguignat. Fossés d'Alexandrie.

Corbicula asemna Bourguignat. Le Nil, sans indication précise de localité.

Corbicula bubastica Bourguignat. Zugazig.

Corbicula bythydea Bourguignat. Canal d'eau douce de Suez.

Corbicula chlora Bourguignat. Canal Mamoudieh.

Corbicula Cloti Bourguignat. Canal d'eau douce de Suez.

Corbicula Didieri Bourguignat. Canal Mustapha, à Alexandrie.

Corbicula eucistœra Bourguignat. Le Nil, sans indication précise de localité.

Corbicula eucya Bourguignat. Bassin du jardin khédivial d'Ismaïlia.

Corbicula Innesi Bourguignat. Le Nil, au Caire.

Corbicula insignata Bourguignat. Canal d'eau douce de Suez.

Corbicula khedivialis Bourguignat. Canal Mahmoudieh.

Corbicula lacunosa Bourguignat. Fossés d'Alexandrie.

Corbicula Laurenti Bourguignat. Canal d'eau douce de Suez.

Corbicula Linauti Bourguignat. Medinet el Fayoum.

Corbicula mahmoudiana Bourguignat. Canal Mamoudieh.

Corbicula micra Bourguignat. Le Nil, sans indication précise de localité.

Corbicula minutalis Bourguignat. Canal d'eau douce de Suez.

Corbicula miranda Bourguignat. Canal d'eau douce de Suez.

Corbicula nea Bourguignat. Medinet el Fayoum.

Corbicula nilotica Bourguignat. Le Nil, sans indication précise de localité.

Corbicula nitida Bourguignat. Le Nil, sans indication de localité.

Corbicula nivea Bourguignat. Canal d'eau douce à Suez.

Corbicula oncalla Bourguignat. Canaux d'Alexandrie.

Corbicula parthenina Bourguignat. Alexandrie.

Corbicula Pettrettinii Bourguignat. Marais de Ramleh.

Corbicula pharaonum Bourguignat. Medinet et Fayoum.

Corbicula plagista Bourguignat. Canal d'eau douce de Suez.

Corbicula platea Bourguignat. Canal d'eau douce de Suez.

Corbicula popularis Bourguignat. Canal d'eau douce de Suez.

Corbicula progastera Bourguignat. Canal Mamoudieh.

Corbicula rypara Bourguignat. Canal de Ras el Ouady.

Corbicula Schweinfurthi Bourguignat. Bassins des jardins de Ramleh.

Corbicula singularis Bourguignat. Jardins de Ramleh.

Corbicula specialis Bourguignat. Canal Mamoudieh.

Corbicula thaumasia Bourguignat. Canal d'eau douce de Suez.

Corbicula turgida Bourguignat. Medinet el Fayoum.

Variété **crassula** Mousson.

1854. *Cyrena crassula* Mousson, *Coquilles terr. fluv. Bellardi Orient;* p. 54, n° 24, pl. I, fig. 12.

1855. *Cyrena crassula* Roth, *Malakozoologische Blätter ;* p. 57, n° 1.

1856. *Cyrena crassula* Bourguignat, *Revue et Magasin de Zoologie,* n° 2 ; et *Aménités malacologique;* 1, p. 152.

1874. *Cyrena (Corbicula) fluminalis* Martens. *Vorderasiatische Conchylien;* p. 37, taf. IX, fig. 56 *(part.).*

1879. *Corbicula crassula* Clessin, in : Martini et Chemnitz, *Systemat. Conchylien-Cabinet;* 2° éd.; p. 134, taf. XXIV, fig. 9.

1881. *Corbicula fluminalis* var. *crassula* Boettger, *Jahrbucher der Deutschen Malakozoolog. Gesellschaft ;* VIII; p. 259.

1883. *Corbicula crassula* Locard, *Malacologie lacs Tibériade, Antioche et Homs ;* p. 64, pl. XXII, fig. 25 - 26.

1884. *Cyrena crassula* Tristram, *Fauna and Flora of Palestine;* p. 201, n° 187.

1888. *Corbicula fluminalis* var. *crassula* Boettger, in : Radde, *Fauna und Flora d. Caspi-Gebietes;* p. 339.

1890. *Corbicula crassula* Servain, *Bulletins Société malacologique de France;* VII, p. 286.

1890. *Corbicula fluminalis* var. *crassula* Westerlund, *Fauna der paläarct. region Binnenconchylien;* VII, p. 2.

1895. *Corbicula crassula* Rolle et Kobelt, *Iconographie der Land- und Süsswasser-Mollusken;* Suppl. Band 1, p. 63, n° 3, taf. 26, fig. 3, 8 et 11 et taf. 27, fig. 9 - 10.

1904. *Corbicula crassula* Martens, *Sitzungsberichte der Gesellschaft Naturforschende Freunde zu Berlin;* p. 18, n° 3.

« Concha cordata, trigona, inæquilatera, crassa, transverse costulata-striata, olivacea, obscure transversim fasciata;

umbones integri, producti, oblique subinvoluti ; margines
laterales retiusculis, subangulata recto juncti, basalis ar-
cuatus ; ligamentum breve et forte ; dentes validi, laterales
subœquales, striati, anterior intus in marginem cardinis
prolongatus, medii recti ; pagina interna violacea, sinu
palleari nullo ».

Cette diagnose originale de A. Mousson s'applique parfaitement aux nombreux exemplaires de la variété *crassula*
Mousson rapportés, du lac de Homs, par M. Henri Gadeau
de Kerville. C'est une coquille de taille relativement petite
(longueur maxima : 13 - 16 millimètres ; hauteur maximum :
14 - 17 millimètres, épaisseur maximum : 10-11, plus rarement 11 1/2 millimètres) [1] qui se distingue du type par son
test solide, épais, un peu pesant, son ligament plus fort et
particulièrement court et sa charnière beaucoup plus développée, avec des dents cardinales larges et puissantes. Le
test est recouvert d'un épiderme brillant, parfois d'un jaune
marron assez clair, souvent d'un marron foncé presque noir.

Découverte dans les ruisseaux des environs de Jaffa [Roth],
la variété *crassula* a été recueillie par E. Chantre dans le
lac d'Antioche et par H. Rolle dans le lac de Homs d'où
elle a été également rapportée par Henri Gadeau de Kerville.

Localités (*Corbicula fluminalis* Müller, type) :

Lac de Homs (Henri Gadeau de Kerville), très nombreux
échantillons.

Dans l'Oronte, près de sa sortie du lac de Homs, à 490
mètres d'altitude environ (Henri Gadeau de Kerville). Très
nombreux exemplaires.

---

1. Kobelt (W.) et Rolle (H.) [Beitrage zur Molluskenfauna
des Orients, fasc. III, 1897, p. 63] indiquent des dimensions plus
considérables : 25 millimètres de longueur pour 26 millimètres de
hauteur et 19 millimètres d'épaisseur.

14

Distribution géographique :

L'aire de distribution du *Corbicula fluminalis* Müller, comprend aujourd'hui l'Afrique Nord orientale et toute l'Asie Antérieure.

En Afrique, cette espèce vit dans toute la vallée du Nil où elle est extrêmement répandue. Inconnue en Tripolitaine, elle s'avance fort loin à l'Ouest dans la région soudanaise, puisque j'ai pu la signaler à Am Raya, dans le sillon du Bahr-el-Ghazal (Kanem), c'est-à-dire dans les pays bas du Tchad [1]. Il est d'ailleurs probable qu'on retrouvera cette Corbicule dans le grand lac soudanais.

En Asie, tous les auteurs qui ont traité de la faune syrienne, ont mentionné le *Corbicula fluminalis* Müller. Il est donc inutile de rappeler les nombreuses localités où il se rencontre ; signalons cependant sa présence dans la vallée de Bka, entre le Liban et l'Anti-Liban. Vers le nord, cette même espèce vit dans de nombreux ruisseaux de l'Asie-Mineure, notamment aux environs d'Alep [E. von Martens] et dans le sud de la Caucasie [E. von Martens]. Elle se retrouve en Transcaucasie (principalement dans la Mingrélie et la Géorgie), dans les ruisseaux du Talysch [A. Schlaefli, A. Mousson, G. Radde, O. Boettger, J. de Morgan] et dans le Nord de la Perse [O. Boettger, J. de Morgan]. Vers le sud, en dehors de la Palestine, le *Corbicula fluminalis* Müller, habite toute la Mésopotamie (il est abondant dans le Tigre et dans l'Euphrate) et la Perse [A. Schlaefli, A. Mousson [2], J. de Morgan] ; enfin vers l'Est, il traverse le Turkestan et s'avance jusqu'en Afghanistan et au Cachemire, mais il ne semble pas pénétrer dans l'Inde où les espèces actuellement connues sont sensiblement différentes. Quant à

1. Germain (Louis). — Notice malacologique, in : *Documents scientifiques de la Mission Tilho* (1906-1909) ; II, 1911, p. 216-217.

2. A. Mousson indique cette espèce sous les noms de *Cyrena cor* Lam. et de *Cyrena fluminalis* Müller. *(Journal de Conchyliologie ;* 1874, p. 50).

sa limite nord, elle est marquée par la Transcaucasie et le rivage sud de la mer Caspienne.

Aux temps quaternaires, la dispersion géographique du *Corbicula fluminalis* Müller, était beaucoup plus étendue qu'aujourd'hui. Cette espèce habitait alors une grande partie de l'Europe — et principalement de l'Europe occidentale — et toute l'Afrique du Nord.

En France, on la trouve associée à des *Helix* et à des *Bythinia*, dans le quaternaire de Menchecourt, aux environs d'Abbeville [PRESWICH, G. DE MORTILLET][1] ; dans le quaternaire de Cergy, à environ 3 kilomètres au sud de Pontoise (Seine-et-Oise), dans une sablière en face le village d'Eragny [2] situé dans une grande boucle de l'Oise (G. DOLLFUS [3]) ; en compagnie des *Vivipara burgundina*, *Pyrgula nodotiana*, etc... ; dans des limons et des marnes à nodules calcaires couvrant une grande étendue à Bligny-sous-Beaune, Pouilly-sur-Saône, Auvillars, Pontailler près d'Auxonne (Côte-d'Or) [TOURNOUER][4] ; enfin J.-R. BOURGUIGNAT a signalé dans la Marne, à Vitry-le-François, un autre gisement où les Corbicules se trouvaient dans « un sable quaternaire occupant une poche profonde à un niveau élevé, dans le terrain crétacé » [5].

En Angleterre, le *Corbicula fluminalis* Müller, se trouve

1. MORTILLET (G. DE). — *Bulletin Société géologique de France;* 1863, XX, p. 293.

2 Avec une faune très voisine de celle vivant actuellement dans la région : *Ancylus simplex* Buc'hoz, *Limnæa palustris* Müller, *Limnæa auricularia* Linné, *Planorbis rotundatus* Poiret, *Valvata piscinalis* Müller, *Helix hispida* Linné, variété *raripila* Sandberger, *Sphærium corneum* Linné.

3. DOLLFUS (G) — Le terrain quaternaire d'Ostende et le Corbicula fluminalis; *Mémoires Société malacologique Belgique;* XIX, 1884, p. 1 - 29, pl. I - II (voir p. 15 - 18).

4 TOURNOUER. — *Bulletin Société géologique France;* 2ᵉ série, XXII, 1866, p. 788; et 3ᵉ série, V, 1877, p. 732.

5. BOURGUIGNAT J. R.), in : DOLLFUS G.). — *Loc. supra cit.;* 1884, p. 18.

dans les dépôts du Crag supérieur (crag fluvio-marin de Norwich dit Crag de Norfolk), mais surtout dans les graviers quaternaires interglaciaires anciens de la Tamise, nommés par S. Wood *formations à Cyrènes*, et intercalés entre la période des grandes glaces (*of major glaciation*) et celle des petites glaces (*of minor glaciation*). Ces dépôts interglaciaires à Corbicules se rencontrent principalement dans la vallée de la Tamise, dans les régions marécageuses s'étendant entre Cambridge et le Wash et, enfin, dans diverses formations fluviatiles des environs de l'estuaire de l'Humber [1] [S. Wood] [2].

Dans l'Europe occidentale, cette Corbicule se trouve, avec le *Valvata piscinalis* variété *antiqua*, dans le quaternaire d'Ostende [G. Dollfus] [3]; elle semble très rare en Allemagne où Von Koenen ne la connaît qu'à Bromberg, dans une position géologique inconnue, et à Teutschenthall près de Halle-s-Salle (Saxe), dans des graviers anciens, avec *Limnœa*, *Vivipara* et quelques Mammifères (*Elephas primigenius*, *Rhinoceros tichorinus*, *Cervus* sp.) [4].

Semenow a recueilli, avec des ossements de Mammouth, dans les graviers d'Osusk (Sibérie), une espèce que E. von Martens rapporte au *Corbicula fluminalis* Müller [5].

Enfin on trouve : en Sicile, dans les dépôts d'argile de Cefali près de Catane, un *Cyrena Gemmellari* Philippi [6]; dans les formations quaternaires des environs de Corinthe,

---

1. Dans ces dépôts, on trouve presque toujours associé au *Corbicula fluminalis* Müller, l'*Helix arbustorum* Linné, et l'*Unio littoralis* Cuvier. De plus, la Corbicule n'est pas typique, mais correspond généralement a la variété *trigonula* Wood [*Ann. mag. natur. History*, VII, 1834, p. 275, fig. 45 (*Cyrena trigonula*)].

2. Wood (S.). — *Quarterly Journal of Geology*; Novembre 1882.

3. Dollfus (G.). — *Loc. supra cit.*; 1884, p. 10.

4 Koenen (von), in : Dollfus (G.). — *Loc. supra cit*,; 1884, p. 19.

5. Martens (Dr E. von). — *Zeitschr. d. deutsch. Geolog. Gesellsch.*; XVI, 1864, p. 343-348 [*Cyrena (Corbicula) fluminalis*].

6. Philippi (de). — *Enumerat. Mollusc. Siciliæ*; 1, 1836, p. 39, pl. IV, fig. 3 [*Cyrena Gemmellari*].

un *Corbicula hellenica* Tournouër[1], découvert par Gorceix et Fouqué. Il est probable que ces deux coquilles appartiennent encore au *Corbicula fluminalis* Müller.

En Afrique, le *Corbicula fluminalis* Müller, semble avoir vécu assez abondamment pendant le quaternaire. La forme typique a été découverte par M. Roche à Temassinin, dans le Sahara, lors de la première mission Flatters[2]. Il convient également de considérer comme des formes représentatives de cette même espèce : le *Corbicula Pequignoti* Pallary[3], des alluvions quaternaires de La Macta [Pequignot] et le *Corbicula saharica* Fischer[4], d'une sebkha des environs de Tamassinin [L. Say]. Il est intéressant de remarquer que le genre *Corbicula* est actuellement inconnu, à l'état vivant, aussi bien dans les eaux douces du Maghreb que dans celles du Sahara.

Famille des DREISSENSIIDÆ.

Genre DREISSENSIA Van Beneden, 1835[5].

Primitivement découvert par Pierre Simon Pallas au

1 Tournouër. — *Journal de Conchyliologie*; 3ᵉ série, XVIII, 1878, p. 81, pl. II, fig. 2.

2. *Documents relatifs à la mission au sud de l'Algérie ; Rapport* Flatters ; Paris, Impr. nationale ; 1884, p. 208 et p. 221.

3. Pallary P.) — Mollusques fossiles, terr. fluv. et saumâtres Algérie ; *Mémoires Société Géologique France* ; IX, fasc. 1, 1901, p. 182, pl. IV, fig. 5, 8 et 9.

4. Fischer (P.). — Coquilles du Sahara provenant voyage Louis Say ; *Journal de Conchyliologie* ; 1878, XVIII, p. 77, pl. II, fig. 1.

5. Beneden (Van). — Mémoire sur le *Dreissena*, nouveau genre de la famille des Mytilacées, avec l'anatomie et la description de deux espèces. *Annales Sciences naturelles* ; 2ᵉ série: III, 1835, p. 193-213, pl. VIII. [Un extrait de ce mémoire a été lu à l'Académie de Bruxelles (séance du 7 février 1835)]. La même année, mais à une date un peu postérieure, E. A. Rossmassler réédita ce genre sous le nom de *Tichogonia* [*Iconographie der Land- und Süsswasser-Mollusken*; 1. p. 112] C'est également le genre *Mytilina* de Cantraine [Histoire naturelle et anatomie du système nerveux du genre *Mytilina* : *Annales des Sciences naturelles*, 2ᵉ série, VII, p. 302-312, pl. X, fig. D].

cours de ses voyages dans l'empire Russe [1], le genre *Dreissensia* n'est représenté, en Syrie et en Palestine, que par une seule espèce qui ne semble qu'une forme représentative du *Dreissensia fluviatilis* Pallas [2], le type du genre. Cette espèce, elle-même polymorphe, est le *Dreissensia Bourguignati* Locard [3], qui vit dans le lac d'Antioche (Syrie) et dans l'Euphrate. C'est une coquille de taille médiocre (longueur : 18-24 millimètres ; hauteur : 6-9 millimètres ; épaisseur maximum : 7-12 millimètres), d'un galbe étroitement allongé, virguliforme, se séparant du *Dreissensia fluviatilis* Pallas, par sa forme bien plus étroite, très allongée et relativement peu ventrue.

Le *Dreissensia Bourguignati* Locard, présente une variété *Chantrei* Locard [4], se distinguant par sa taille plus petite, sa forme bien plus courte, plus arquée et ses som-

1. PALLAS (P. S.) — Voyage de M. P. S. PALLAS en différentes provinces de l'Empire Russe, et dans l'Asie septentrionale. Appendice, 1871, p. 211. Traduction française. Édition in-4°, Paris, 1788, I, p. 740, n° 91 ; Édition in-8°. Paris, 1794, VIII, p. 210, n° 523.

2. Recueillie dans le Bas Volga, cette espèce a été ainsi décrite par P. S. PALLAS *(loc. supra cit. ; 1771, p. 211)* sous le nom de *Mytilus fluviatilis* « MYTILUS..... — FLUVIATILIS, *sæpe quadro major, subfuscus, latior ; valvulis exacte semiovatis, argute carinatis, latere incumbente plano - excavatis ; natibus acutis, deorsum inflexis, cavum commune testae versus nates obsolete quinqueloculare, dissepimentis brevissimis* ». Il convient de rapporter en synonyme de cette espèce les *Dreissena polymorpha*, *Dreissensia polymorpha* et *Dreyssensia polymorpha* des auteurs et aussi les *Tichogonia Chemnitzi* Rossmässler [*Iconographie der Land- und Süsswasser- Mollusken ; 1, 1835, p. 113, taf. III, fig. 69*] et *Tichogonia polymorpha* Potiez et Michaud [*Galerie des Mollusques de Douai ; II, 1844, p. 136, pl. LIV, fig. 12*].

3. LOCARD (A.). — Malacologie des lacs de Tibériade, d'Antioche et Homs ; *Archives Muséum Hist. nat. Lyon* ; III, 1883, p. 260, pl. XXIII, fig. 1-2 (tirés à part, p. 66) ; — et : Les Dressensia du système européen, d'après la collection Bourguignat ; *Revue suisse de Zoologie et Annales du Musée d'Histoire naturelle de Genève* ; 1. 1893, p. 177, pl. VI, fig. 9.

4. LOCARD (A.). — *Loc. supra cit. ; III, 1883, p. 261, pl. XXIII,* fig. 3-4 (tirés à part, p. 67) ; et : *Loc. supra cit. ; 1, 1893, p, 178, pl. V, fig. 12 (Dressensia Chantrei).*

mets plus saillants ; elle vit également dans l'Euphrate et le lac d'Antioche.

Les régions voisines de l'Asie-Mineure et de la Mésopotamie nourrissent encore quelques autres Dreissensies, dont la plupart paraissent être de simples variétés locales du *Dreissensia fluviatilis* Pallas. Une révision sérieuse de ces Mollusques devra être entreprise dès que nous posséderons des matériaux de comparaison suffisants. Ces espèces sont : le *Dreissensia lacunosa* Bourguignat[1], du lac de Brousse, en Anatolie ; le *Dreissensia Gallandi* Bourguignat[2] du lac Appollonia, en Anatolie ; le *Dreissensia hermosa* Bourguignat[3], du lac Isnik, près de Guemlik, en Anatolie ; le *Dreissensia anatolica* Bourguignat[4], du lac de Beï-Chekir, village de Konieh, en Anatolie ; le *Dreissensia Siouffi* Bourguignat[5], de l'Euphrate, en dessus de Bagdad ; et, enfin, le *Dreissensia elongata* Bourguignat[6], qui vit également dans les eaux de l'Euphrate[7].

1. Bourguignat (J. R.), in : Locard (A.). — *Loc. supra cit.*; I, 1893, p. 150, pl. VII, fig. 9.

2. Bourguignat (J. R.), in : Locard (A.). — *Loc. supra cit.*; I, 1893, p. 154, pl. V, fig. 8.

3. Bourguignat (J. R), in : Locard (A.. — *Loc. supra cit.*; I, 1893, p. 155, pl. VII, fig. 10 *(Dressensia Hermosa)*.

4. Bourguignat (J. R), in : Locard (A.). — *Loc. supra cit.*; I, 1893, p. 180, pl. VI, fig. 8 *(Dreissensia Anatolica)*.

5 Bourguignat (J. R.), in : Locard (A.). — *Loc. supra cit.*; I, 1893, p. 181, pl. V, fig. 13.

6. Bourguignat (J. R.), in : Locard (A.). — *Loc. supra cit.*; I, 1893, p. 182, pl. V, fig. 11.

7. Toutes ces espèces ont été publiées, par A. Locard, dans le mémoire *supra cit.*, avec la mention : « ... Bourguignat, 1890, *Nov. sp. in Coll.* ». Il est évident que cette date de 1890 ne peut être invoquée en vue de la priorité de ces Dreissensies seulement décrites en 1893.

SUPPLÉMENT

Cet ouvrage était entièrement terminé dès la fin de 1913. Les événements douloureux de 1914-1918 en ont considérablement retardé l'impression. C'est pourquoi je réunis, sous le titre de Supplément, quelques documents nouveaux que les circonstances ne m'avaient pas permis d'utiliser jusqu'ici.

Genre HELIX Linné, 1758.

Sous-genre HELICOGENA de Férussac, 1819.

Un assez grand nombre de formes appartenant au sous-genre *Helicogena* ont été décrites par W. KOBELT. La plupart constituent seulement des variétés d'espèces bien définies.

Helix (Helicogena) lucorum Linné (I, p. 127)[1].
variété Lœbbeckei Kobelt.

Helix Salisi Kobelt, in : Rossmässler, *Iconographie der Land-und Süsswasser-Mollusken;* n. f. X, fig. 1905 [non Mabille]; *Helix (Helicogena) lucorum læbbeckei* Kobelt, *Die Familie der Heliceen*, IV, in : Martini et Chemnitz, *Systemat. Chonchylien-Cabinet*, I, 12 IV, Nürnberg, 1905, p. 223, nº 182, taf. CCCL, fig. 3 - 4.

Cette variété ne diffère du type que par sa forme plus haute. Diamètre maximum : 49 millimètres ; diamètre minimum : 41 millimètres ; hauteur : 46 millimètres. Le test est orné de 5 bandes brunes : la supérieure étroite et infrasuturale, les bandes 2-3 coalescentes, la bande 4 inframédiane et plus large que la bande 5.

Nord du Liban.

---

1. Les chiffres romains (I, II) renvoient aux tomes I et II de ce Mémoire ; les chiffres arabes (127) aux pages correspondantes.

15

Helix (Helicogena) berytensis Kobelt.

Helix (Helicogena) berytensis Kobelt, *Die Familie der Heliceen*, IV, in : Martini et Chemnitz, *loc. supra cit.*, 1905, p. 226, nº 185, taf. CCCLIV, fig. 2.

Coquille de grande taille (diamètre maximum : 45 millimètres ; diamètre minimum : 38 millimètres ; hauteur : 41 millimètres), de forme très globuleuse conique, au test solide et même pondéreux.

Les environs de Beyrouth [REIBECK, in *Mus. Berol.*].

Helix (Helicogena) Salisi Mabille.

Helix Salisi Mabille in : Collect. Bourguignat ; — Kobelt et Rolle, *Iconographie der Land - und Süsswasser - Mollusken*, Suppl. band 1, 1896, taf. XVIII, fig. 1 [non Kobelt, 1905] ; — *Helix (Helicogena) salisi* Kobelt, Die Familie der Heliceen, IV, in : Martini et Chemnitz, *loc. supra cit.*, 1905, p. 225, nº 184, taf. CCCLIV, fig. 1.

Coquille globuleuse conique, de 43 millimètres de diamètre maximum et de 40 millimètres de hauteur, au test solide et garni de fortes stries irrégulières. L'ouverture est oblique, ovalaire arrondie, avec un péristome blanc.

Le Nord de la Syrie, sans localité précise [W. KOBELT et ROLLE].

Helix (Helicogena) halepensis Kobelt.

Helix onixiomicra Mousson, *Journal de Conchyliologie*, XXII, 1874, p. 20 [non Bourguignat], Kobelt, *Iconographie der Land - und Süsswasser - Mollusken*, V, p. 115, fig. 1482 ; — *Helix (Helicogena) halepensis* Kobelt, Die Familie der Heliceen, IV, in : Martini et Chemnitz, *Systemat. Conchylien-Cabinet*, 1905, p. 235, nº 191, pl. CCCLVII, fig. 1.

L'*Helix onixiomicra* Bourguignat (*Aménités malacologiques*, II, 1860, p. 168, pl. XIX, fig. 1-2) est une espèce différente de celle figurée par W. KOBELT ; elle vit dans les montagnes du Monténégro. Au contraire, l'*Helix onixiomicra* signalé par A. MOUSSON [*loc. supra cit.*, 1874, p. 20] comme provenant « du versant oriental de la chaîne littorale [des environs d'Alexandrette] et des environs d'Haleb [= Alep] même » est l'Helix décrit et figuré par W. Kobelt sous le nom d'*Helix halepensis*. C'est une coquille de forme globuleuse assez déprimée, de 45 millimètres de diamètre maximum pour seulement 36 millimètres de hauteur.

Environs d'Alexandrette de Syrie et d'Alep [AL. Schlæfli, *in :* A. Mousson].

Les *Helix berytensis* Kobelt et *Helix Salisi* Mabille ne sont bien certainement que des variétés de l'*Helix lucorum* Linné. C'est aussi, comme nous le verrons plus loin, l'opinion de P. Hesse qui a étudié l'anatomie de ces animaux. Quant à l'*Helix halepensis* Kobelt, il faut aussi le considérer comme une variété de l'*Helix lucorum* Linné, mais c'est une forme déprimée alors que les deux premières sont des formes globuleuses élevées. Toutes trois représentent les variétés les plus méridionales de l'*Helix lucorum* Linné.

*
* *

Helix (Helicogena) solida Zeigler [1, p. 128].

variété **baristata** Bourguignat.

Helix (Pomatia) baristata Bourguignat, mss. in : Kobelt, *Iconographie der Land-und Süsswasser-Mollusken*, Suppl. band I, p. 46, taf. XVI, fig. 6 ; — *Helix (Helicogena) solida baristata* Kobelt, Die Familie der Heliceen, IV, in : Martini et Chemnitz, *loc. supra cit.*, 1905, p. 165, n° 128, taf. CCCXXIX, fig. 12.

Coquille solide et *pondéreuse*, de forme très globuleuse, avec une spire conique et un dernier tour très grand.

Entre Alexandrette et Orfa, au nord de la Syrie.

Helix (Helicogena) moabitica Goldfuss [I, p. 129].

Le Dr W. Kobelt a décrit les deux variétés suivantes de cette espèce :

1° La variété *minor* [*loc. supra cit.*, 1905, p. 168, n° 133, taf. CCCXXXVI, fig. 5-6] de taille plus faible (diamètre maximum : 35 millimètres ; hauteur : 33 millimètres) [1] et de forme plus globuleuse que le type ;

2° La variété *Blanckenhorni* [*loc. supra cit.*, 1905, p. 168, n° 134, taf. CCCXXXIX, fig. 7], sensiblement de même taille que le type (diamètre maximum : 43 millimètres, hauteur : 40 millimètres), mais de forme un peu plus déprimée et avec une ouverture plus oblique. Cette variété correspond à l'*Helix mahomedana* Parreyss (*in sched.*, non *Helix mahometana* Bourguignat).

Helix (Helicogena) adanensis Kobelt.

Helix adanensis Kobelt, in : Rossmässler, *Iconographie der Land- und Süsswasser-Mollusken*, Suppl. band 1, 1896, p. 52, taf. XXIII, fig. 1-4 ; — *Helix (Helicogena) adanensis* Kobelt, Die Familie der Heliceen, in : Martini et Chemnitz, *loc. supra cit.*, 1905, p. 161, n° 162, taf. CCCXXXIV, fig. 8-9.

Cette espèce de Cilicie est assez polymorphe ; une variété habite la Syrie :

Variété infidelium Kobelt.

Helix (Pomatia) infidelium Kobelt, *loc. supra cit.*, 1896, p. 54, taf. XXIV, fig. 5-6 ; *Helix (Helicogena) adanensis infidelium* Kobelt, *loc. supra cit.*, 1905, p. 162, n° 124, taf. CCCXXXVII, fig. 5-6 [2].

Coquille de grande taille (45 millimètres de diamètre maximum pour 42-45 millimètres de hauteur), de forme globuleuse, au test solide et même pondéreux. Une variété plus pondéreuse encore, au test très épais, parfois d'un fauve

1. Le type mesure 42,5 millimètres de diamètre maximum pour 40 millimètres de hauteur.

2 A la page 162 de son ouvrage, W. Kobelt renvoie, par erreur, à la planche CCCXXVI, fig. 3-4. Ces figures représentent une espèce toute différente, l'*Helix (Helicogena) kolaschinensis* Kobelt (*Nachrichtsblatt d. deutschen Malakozool. Gesellschaft*, XXX. 1898, p. 164) [*Pomatia kolaschinensis*] du Monténégro.

blanchâtre *sans bandes* vit aux environs d'Adana, en Cilicie.
c'est la variété *globulosa* Kobelt [*loc. supra cit.*, 1905,
p. 163, n° 125, taf. CCCXLI. fig. 7-8 (*Helix* [*Helicogena*]
adanensis globulosa).

Les environs d'Alexandrette, au nord de la Syrie.

Helix (Helicogena) ciliciana (Bourguignat) Kobelt.

Helix solida Kobelt in : Rossmässler, *Iconographie der Land-und
Süsswasser-Mollusken*, n. f., IV, 1875, p. 21, fig. 1032-1033 (non
Zeigler); — *Helix (Helicogena) ciliciana* (Bourguignat) Kobelt, Die
Familie der Heliceen, in : Martini et Chemnitz, *loc. supra cit.*, 1903,
p. 152, n° 113, taf. CCCXXXIV, fig. 1-5.

Variété pleuroninia (Bourguignat) Kobelt.

Helix pleuroninia (Bourguignat) Kobelt, in : Rossmässler, *Iconographie der Land-und Süsswasser-Mollusken*, Suppl. band I, 1896, taf.
XVIII, fig. 2; — *Helix (Helicogena) ciliciana pleuroninia* Kobelt,
loc. supra cit., 1903, p. 164, n° 127, taf. CCCXXXVI, fig. 10.

Entre Alexandrette et Beilan, au nord de la Syrie.

Helix (Helicogena) pachya [I, p. 136 et p. 181].

Les trois variétés suivantes de la Syrie ont été décrites
par W. Kobelt.

1° variété **Riebecki** Kobelt.

Helix (Helicogena) pachya riebecki Kobelt, Die Familie der Heliceen,
in : Martini et Chemnitz, *loc. supra cit.*, 1903; p. 158, n° 118, taf.
CCCXXXV, fig. 12.

De forme plus conique que le type, cette variété, remar-
quable par son sommet très gros, mesure 39 millimètres de
hauteur pour 33 millimètres de diamètre maximum.

La Palestine, sans indication précise de localité [RIEBECK].

2° variété **Kossenæ** (Deschamps) Kobelt.

Helix (Helicogena) pachya kossenæ Kobelt, *loc. supra cit.*, 1903,

p. 158, n° 119, taf. CCCXXXV, fig. 5-6. [= « Pomatia kossenæ Deschamps in coll. Wohlberedt », Kobelt, p. 159].

Coquille de forme plus globuleuse et un peu moins élevée que le type (diamètre maximum : 33 millimètres ; hauteur : 35 millimètres) dont elle ne paraît pas autrement se distinguer. Elle provient d'une localité que je n'ai pu découvrir dans aucun ouvrage de géographie et que W. KOBELT orthographie Missat.

3° variété **subtexta** Kobelt.

Helix (Helicogena) pachya subtexta Kobelt, *loc. supra cit.*, 1903, p. 119, n° 120, taf, CCCXXXVI, fig. 11-12.

Coquille de petite taille (diamètre maximum = hauteur = 30 millimètres), globuleuse, solide, très fortement striée, comme costulée. Les stries, très irrégulières, sont particulièrement accentuées au dernier tour, au voisinage de la suture.

La Syrie, sans indication précise de localité [STENTZ, in *Mus. Senckenbergiano*].

*
* *

P. HESSE a publié, en 1919-1920, un intéressant mémoire sur les *Helicidæ* du système européen [1]. Ayant eu à sa disposition un important matériel conservé dans l'alcool, il a pu étudier l'anatomie d'un grand nombre d'espèces. Il divise les *Helicogena* de la région paléarctique en plusieurs sous-genres, quelques-uns nouveaux. Voici comment il classe les espèces de la Syrie et de la Palestine.

---

1. L'étude de P. HESSE forme le XXIII° volume de l'*Iconographie der Land-und Süsswasser-Mollusken* fondée par Rossmässler. Berlin et Wiesbaden, 1920, 262 pp., pl. 641-660.

A. Sous-genre PSEUDOFIGULINA P. Hesse, 1917.

Helix (Pseudofigulina) cavata Mousson.

Helix (Pseudofigulina) engaddensis Bourguignat; variété *galilœa* Kobelt et variété *kisonis* Kobelt.

Helix (Pseudofigulina) prasinata Roth [= *Helix jordanica* Bourguignat, in Collect.].

Helix (Pseudofigulina) pycnia Bourguignat.

Helix (Pseudofigulina) pachya Bourguignat; variété *Eduardi* Kobelt, variété *Kossenœ* (Deschamps) Kobelt, variété *Riebecki* Kobelt et variété *subtexta* Kobelt.

Helix (Pseudofigulina) racopsis Kobelt.

Helix (Pseudofigulina) texta Mousson [= *Helix dehiscens* Westerlund = *Helix edraœ* Bourguignat = *Helix luynesiana* Bourguignat].

Helix (Pseudofigulina) phœniciaca Kobelt.

Helix (Pseudofigulina) xerechia Nægele.

B. Sous-genre HELICOGENA de Férussac, 1819.

α Section *PHYSOSPIRA* Caes. Boettger, 1914.

Helix (Helicogena) Dickhauti Kobelt.

Helix (Helicogena) pseudopomatia Kobelt.

β Section *RHODODERMA* P. Hesse, 1918.

Helix (Helicogena) asemnis Bourguignat [= *Helix solida* Albers, *non* Pfeiffer]; variété *baristata* (Bourguignat) Kobelt.

Helix (Helicogena) ciliciana Bourguignat [= *Helix*

solida Kobelt, *non* Zeigler] ; variété *pleuroninia* (Bourguignat) Kobelt.

Helix (Helicogena) moabitica Goldfuss ; variété *Blanckenhorni* Kobelt et variété *minor* Kobelt.

γ Section *POMATIA* Leach, 1831.

Helix (Helicogena) anctostoma Martens.

Helix (Helicogena) beilania (Deschamps) Westerlund.

Helix (Helicogena) issica Kobelt.

Helix (Helicogena) cincta Müller ; variété *achidæ* (Bourguignat) Kobelt [= *Helix ischuraxa* Bourguignat] et
variété *libanica* Kobelt.

Helix (Helicogena) epidaphne Kobelt.

Helix (Helicogena) fathallæ Nægele.

Helix (Helicogena) antiochiensis Kobelt.

Helix (Helicogena) lucorum Müller [= *Helix mutata*
De Lamarck = *Helix nigrozonata* Bourguignat = *Helix
rypara* Bourguignat = *Helix virago* Bourguignat =
Helix yleobia Bourguignat = *Helix atrocincta* Bourgui-
gnat] ; variété *berytensis* Kobelt, variété *halepensis*
Kobelt [= *Helix onixiomicra* Mousson, *non* Bourgui-
gnat], variété *Lœbbeckei* Kobelt [= *Helix Salisi* Kobelt,
non Mabille] et variété *Salisi* Mabille.

Sous-genre LEVANTINA Kobelt, 1871.

P. HESSE a divisé les *Levantina* en trois groupes auxquels
il attribue la valeur de sous-genres :

1° Les *Levantina* sensu stricto. Type : *Helix spiriplana*
Olivier ;

2° Les *Assyriella* P. Hesse, 1911 [1]. Type : *Helix guttata* Olivier,

Et, 3° Les *Gyrostomella* P. Hesse, 1911 [2] [= *Gyrostoma* P. Hesse, 1908] pour les espèces de la Tripolitaine. Type : *Helix gyrostoma* de Férussac [3].

Dans son mémoire de 1911 et dans sa note de 1918 [4] P. HESSE a précisé les rapports d'un certain nombre d'espèces incomplètement connues. Par rapport à la classification que j'ai adoptée, p. 140 et suivantes du premier volume de ce travail, les seules différences sont les suivantes :

Ainsi que je le disais (I, p. 144), l'*Helix* (*Levantina*) *Wernei* Rolle, est bien synonyme de l'*Helix* (*Levantina*) *caesareana* Parreyss variété *globulosa* Bourguignat.

L'*Helix* (*Levantina*) *Gerstenbrandti* (Rolle) Kobelt est synonyme de l'*Helix* (*Levantina*) *caesareana* Parreyss variété *carinata* Bourguignat.

Les *Helix* (*Levantina*) *ramlensis* (Rolle) Kobelt [I, p. 142] et *Helix* (*Levantina*) *Arnoldi* (Rolle) Kobelt [I, p. 148] doivent être considérés comme des variétés de l'*Helix* (*Levantina) caesareana* Parreyss.

Enfin, P. HESSE rapporte à son sous-genre *Assyriella* l'*Helix* (*Levantina*) *chanzirensis* Kobelt [I, p. 143].

Genre BULIMINUS Ehrenberg, 1831.

Buliminus (Petræus) Kotschyi Pfeiffer [I, p. 268].

P. HESSE a décrit une variété *brunneus* [5] de cette espèce.

1. P. HESSE, in : ROSSMASSLER, *Iconographie der Land-und Süss-wasser-Mollusken*, n. f., XVI, Berlin et Wiesbaden, 1911, p. 22.

2. P. HESSE, *loc. supra cit.*, 1911, p. 22.

3. FÉRUSSAC (D. de), *Tableaux systématiques animaux Mollusques*, Paris, 1821, p. 30

4. P. HESSE, Das genus Levantina Kob., *Nachrichtsblatt d. deutschen Malakozoolog. Gesellschaft*, Heft 1, 1918, pp. 40-47.

5. HESSE (P.), Beschreibung neuer Arten, *Nachrichtsblatt d. deutschen Malakozool. Gesellschaft*, 1914, p. 67 [*Petræus kotschyi brunneus*].

16

Elle habite les environs d'Antioche où elle a été recueillie par BERLIER.

Genre CLAUSILIA Draparnaud, 1805.

Clausilia (Cristataria) Germaini Pallary, nov. sp., in litt., pl. XV, fig. 13 - 14.

M. P. PALLARY m'a communiqué, sous le nom de *Clausilia Germaini* Pallary, nov. sp., une espèce recueillie, en Syrie, par le Frère LOUIS.

C'est une coquille de forme assez courte et un peu ventrue, à sommet obtus. La spire se compose de 11 - 12 tours convexes, à croissance régulière, le premier très petit, les deux derniers relativement grands et notablement plus convexes que les autres. Les sutures sont soulignées d'une zone marginale étroite et blanchâtre. L'ouverture est subquadrangulaire, un peu étroite.

L'exemplaire type atteint les dimensions suivantes :

Longueur totale : 17 - 18 millimètres ; diamètre maximum : 4 - 4 1/2 millimètres ; hauteur de l'ouverture : 4 millimètres ; diamètre de l'ouverture : 3 millimètres.

Le test est garni de stries médiocres et irrégulières.

Entre Bilhas et Karteba [Frère LOUIS].

Genre LIMNÆA de Lamarck, 1799 [I, p. 380].

Limnæa (Radix) auricularia Linné.

Helix auricularia Linné, *Systema natur.*, éd. X, I, p. 774 ; *Limnus auricularius* Draparnaud, *Tableau Mollusques France*, 1801, p. 48 et *Histoire Mollusques France*, 1805, p. 46, pl. II, fig. 28-29 ; — *Limnæa auricularia* Preston, *Journal and Proceed. Asiatic Society of Bengal*, n. s,, IV, n° 11, 1913, p. 465, n° 1.

H.-B. PRESTON a signalé cette Limnée dans le Jourdain, à la sortie du lac de Tibériade, où elle a été recueillie par N. ANNANDALE. C'est la première fois que la *Limnaea*

(*Radix*) *auricularia* Linné est indiqué en Syrie où sa présence reste encore un peu douteuse.

Limnæa (Radix) virginea Preston.

Limnæa virginea Preston, *Journal and Proceedings Asiatic Society of Bengal*, n. s., IV, n° 11, 1913, p. 466, n° 2, pl. XXVII, fig. 1

Coquille de petite taille, de forme ovalaire ; spire composée de 3 tours, le premier très petit, le dernier très grand et enflé ; columelle obliquement descendante, ouverture subovalaire ; longueur : 5,75 millimètres ; diamètre maximum : 4 millimètres ; diamètre minimum : 3 millimètres ; hauteur de l'ouverture : 4,5 millimètres ; diamètre de l'ouverture : 3 millimètres ; test mince et blanchâtre.

Dans le Jourdain, à Semakh, par 6 mètres de profondeur (type) et dans une mare peu profonde à Wad-es-Semakh (jeunes individus) [N. ANNANDALE].

Je crois que cette Limnée n'est qu'une forme jeune du *Limnaea (Radix) lagotis* [Voir t. I, p. 385] ; elle se rapproche surtout de la forme de coquille nommée par A. LOCARD, *Limnaea lagotopsis* Locard [Voy. t. I, p. 393].

Genre BULLINUS Adanson, 1757 [I, p. 428].

Bullinus (Isidora) tiberiadensis Preston.

Physa tiberiadensis Preston, *Journal and Proceedings Asiatic Society of Bengal*, n. s., IV, n° 11, 1913, p. 466, n° 3, pl. XXVII, fig. 2.

Coquille ovalaire senestre, spire bien tordue, composée de 4 tours à croissance rapide, convexes, un peu étagés, séparés par des sutures bien marquées ; dernier tour grand et arrondi ; ombilic profond, modérément large ; ouverture ovalaire à bords marginaux réunis par une faible callosité ; bord columellaire incurvé, un peu réfléchi sur l'ombilic ; test d'un brun sombre, garni de stries longitudinales irrégulières, fortes et légèrement onduleuses.

Longueur : 13 3/4 millimètres ; diamètre maximum : 9 millimètres ; diamètre minimum : 7 millimètres ; hauteur de l'ouverture : 7 1/2 millimètres ; diamètre de l'ouverture : 5 1/2 millimètres.

Extrémité nord du lac de Tibériade, à l'entrée du Jourdain ; parmi les Algues [N. ANNANDALE].

Cette espèce est certainement un *Bullinus*. Elle est différente du *Bullinus (Isidora) asiaticus* Germain [Voy. t. I, p. 428] et se rapproche surtout, par sa forme ventrue, ses tours de spire tordus et étagés, du *Bullinus (Isidora) contortus* Michaud[1]. La forte sculpture du test est un caractère assez rare chez les *Bullinus* du bassin oriental de la mer Méditerranée.

<h3 style="text-align:center">Genre BYTHINIA Gray, 1821 [I, p. 438].</h3>

Bythinia (Elona) gennezarethensis Preston.

Bithinia gennezarethensis Preston, *Journal and Proceedings Asiatic Society of Bengal*, n. s., IV, n° 11, 1913, p. 468, n° 11, pl. XXVII, fig. 8.

Cette coquille, de forme ovalaire, est composée de 4 1/2 tours convexes à croissance rapide ; elle est pourvue d'un ombilic très étroit ; son ouverture est ovalaire et son test, semi-transparent, brillant, d'un jaune rougeâtre, est finement strié. Elle mesure 7 millimètres de longueur, 4 1/4 millimètres de diamètre maximum et 3 3/4 millimètres de diamètre minimum. L'ouverture atteint 3 millimètres de hauteur pour 2 millimètres de diamètre.

Lac de Tibériade, dans le chenal du Jourdain [N. ANNANDALE].

Cette Bythinie n'est, bien certainement, qu'une des nombreuses *formes de coquille* du *Bythinia (Elona) sidoniensis* Mousson [Voy. t. I, p. 442].

---

1. MICHAUD (A. L. G.), *Bulletin Société Linnéenne Bordeaux*, III, 1829, p. 268, n° 10, fig. 15-16 ; et *Compléments Hist. Mollusques Draparnaud*, 1831, p. 83, pl. XVI, fig. 21-22 [*Physa contorta*].

Bythinia (Elona) semakhensis Preston.

Bithinia semakhensis Preston, *Journal and Proccedings Asiatic Society of Bengal*, n. s., IV, n° 11, 1913, p. 469, n° 12, pl. XXVII, fig. 3.

Coquille ovalaire subfusiforme ; spire composée de 4 tours assez convexes à croissance un peu lente ; ouverture obliquement ovalaire ; test presque lisse, le dernier tour avec traces de stries spirales.

Longueur : 4 1/2 millimètres ; diamètre maximum : 2 1/2 millimètres ; diamètre minimum : 2 1/4 millimètres ; hauteur de l'ouverture : 2 millimètres ; diamètre de l'ouverture : 1 1/4 millimètre.

Wad-es-Semakh, sur le bord du lac de Tibériade, dans une petite mare qui peut être réunie au lac pendant les hautes eaux [N. ANNANDALE].

Cette Bythinie est une forme jeune qu'il conviendra sans doute de considérer comme synonyme du *Bythinia (Elona) hawaderiana* Bourguignat [Voy. t. I, p. 445] quand on sera en possession de matériaux de comparaison suffisamment nombreux.

Genre BYTHINELLA Moquin-Tandon, 1855 [I, p. 449].

Dans son travail sur les Mollusques recueillis, par N. ANNANDALE, dans le lac de Tibériade et ses environs, H.-B. PRESTON a décrit quatre *Bythinella* nouveaux sur lesquels il est difficile d'avoir une opinion définitive. Plusieurs semblent établis sur des coquilles n'ayant pas atteint leur complet développement. Je donne ci-dessous, afin de compléter mon mémoire, quelques rapides indications sur chacune de ces espèces qui me paraissent beaucoup trop voisines les unes des autres.

Bythinella Annandalei Preston.

Bithinella annandalei Preston, *Journal and Proceedings Asiatic Society of Bengal*, n. s., IV, n° 11, 1913, p. 469, n° 14, pl. XXVII, fig. 6.

Petite coquille imperforée, ovalaire fusiforme, à sommet obtus ; spire composée de 5 tours, le premier très petit, les autres à croissance régulière ; ouverture ovalaire subelliptique, anguleuse en haut ; test presque lisse, d'un verdâtre pâle.

Longueur : 1 3/4 millimètre ; diamètre maximum : 1 millimètre.

Aïn-et-Tineh (type) et petites mares à Et-Tabgheb et à Mejdad, près du lac de Tibériade [N. ANNANDALE].

L'examen de la figuration donnée par H.-B. PRESTON montre que le dernier tour est nettement anguleux à sa partie médiane. C'est là un caractère de jeune. Il en est de même du bord apertural, qui semble tranchant et de la forme de l'ouverture.

Bytinella syngenes Preston.

Bithinella syngenes Preston, *Journal and Proceedings Asiatic Society of Bengal*, n. s., IV, n° 11, p. 469, n° 15, pl. XXVII, fig. 7.

D'après H.-B. PRESTON, cette espèce différerait de la précédente par sa forme plus étroitement allongée et plus cylindrique. Elle a le même nombre de tours de spire ; elle est subperforée et son ouverture est ovalaire arrondie.

Longueur : 2 1/4 millimètres ; diamètre maximum : 1 1/4 millimètre.

Petites mares près du lac de Tibériade, à Aïn-et-Tineh [N. ANNANDALE].

Bythinella galilææ Preston.

Bithinella galilææ Preston, *Journal and Proceedings Asiatic Society of Bengal*, n. s., IV, n° 11, p. 470, n° 16, pl. XXVII, fig. 5.

Coquille inperforée, fusiforme, à spire acuminée ; spire composée de 6 tours peu convexes à croissance régulière, le dernier assez grand et, proportionnellement, plus convexe que les autres ; sutures médiocres ; ouverture ovalaire, bien anguleuse en haut ; test verdâtre, finement strié.

Longueur : 3 3/4 millimètres ; diamètre maximum : 2 millimètres.

Wad-es-Semakh, lac de Tibériade [N. Annandale].

Bythinella vexillum Preston.

Bithinella vexillum Preston, *Journal and Proceedings Asiatic Society
of Bengal*, n. s., IV. n° 11, p. 470, n° 17, pl. XXVII, fig. 4.

Coquille petite, étroitement ombiliquée, fusiforme conique ;
spire composée de 5 tours, les deux premiers petits, le dernier très grand, *comprimé à la périphérie;* ouverture
anguleuse à son insertion supérieure ; bord apertural simple,
test d'un brun jaunâtre foncé orné, au dernier tour, d'étroites
flammules longitudinales d'un marron rougeâtre et un peu
obliques ; traces de stries spirales au dernier tour.

Longueur : 2 1/2 millimètres ; diamètre maximum : 1 3/4
millimètre.

Et-Tabgheb, dans une mare [N. Annandale].

Les caractères du dernier tour, de l'ouverture et de l'ombilic semblent indiquer que cette Bythinelle a été établie
sur une jeune coquille d'une espèce indéterminable. La
décoration picturale du dernier tour de spire est tout à fait
anormale chez les Bythinelles.

Genre MELANOPSIS de Férussac, 1801.

Melanopsis costata Olivier [II, p. 489]

H.-B. Preston [*Journal and Proceedings Asiatic Society
of Bengal*, n. s., IV, n° 11, 1913, p. 467, n° 6 *b*, pl. XXVII,
fig. 9] a décrit une variété *degenerata* Preston, différant
du type par sa taille plus faible (longueur : 8 1/4 millimètres ; diamètre maximum : 4 millimètres) et sa forme
plus étroite. Cette coquille, qui n'est qu'une des nombreuses
variations du *Melanopsis costata* Olivier, ne mérite pas
d'être distinguée, même comme variété.

Lac de Tibériade, à l'entrée du Jourdain [N. Annandale].

Genre UNIO Philipsson, 1788 [II, p. 24].

Unio chinnerethensis Preston.

Unio chinnerethensis Preston, *Journal and Proceedings Asiatic Society of Bengal*, n. s., IV, n° 11, 1913, p. 473, pl. XXVII, fig. 10, 10 a.

Coquille de forme ovalaire allongée ; sommets larges, peu proéminents, parfois corrodés, à sculpture noduleuse, placés vers le premier tiers antérieur ; bord supérieur subrectiligne ; bord inférieur régulièrement convexe, très peu divergent par rapport au bord supérieur ; région antérieure courte et arrondie ; région postérieure presque deux fois aussi longue que l'antérieure ; angle postérodorsal assez marqué.

Longueur 43 1/2 millimètres ; hauteur maximum : 39 1/2 millimètres ; épaisseur maximum : 16 1/2 millimètres.

Test assez mince, d'un jaune olivâtre pâle, garni de stries assez fortes et, sur la région postérieure, de chevrons disposés irrégulièrement ; nacre d'un blanc bleuâtre.

Lac de Tibériade [N. Annandale].

INDEX BIBLIOGRAPHIQUE

1915. Annandale (N.).

The Distribution and origine of the Jordan system with special reference to that of the Lake of Tiberias[1].

Journal and Proceedings Asiatic Society of Bengal; n. s., XI, n° 10-11, p. 437-476.

1918. Annandale (N.).

Freshwater Shells from Mesopotamia.

Records of the Indian Museum; XV, part III, n° 20, Calcutta [Août 1918], p. 159-170, pl. XX.

Tirés à part, même pagination.

1920. Annandale (N.).

Report on the Freshwater Gastropod Molluscs of Lower Mesopotamia. Part II. The Family Planorbidae.

Records of the India Museum; XVIII, part III, Calcutta [April 1920]; p. 147-150, 3 figures dans le texte.

Tirés à part, même pagination.

1888. Ancey (C. F.).

Description de Mollusques terrestres.

Le Naturaliste, 2ᵉ série; X, p. 188-190, 4 figures dans le texte.

---

1. Cet article est la conclusion d'une série d'études parues, en 5 fascicules, dans les *Journal and Proceedings of Asiatic Society of Bengal*, de 1913 à 1915 :

1ʳᵉ série : Vol. IX, n° 1, 1913, p. 17-81, pl. I à V.
2ᵉ série : Vol. IX, n° 6, 1913, p. 211-258, pl. VII-VIII et XII à XV.
3ᵉ série : Vol. IX, n° 11, 1913, p. 459-480, pl. XVI-XVII.
4ᵉ série : Vol. X, n° 9, 1914, p. 357-372.
5ᵉ série : Vol. XI; n°ˢ 10-11, 1915, p. 437-476.

1905. BABOR (Dr J. F.).

Nacktschnecken [Ergebnisse einer naturwissenschaftlichen Reise zum Erdschias- Dagh (Kleinasien)].
*Annalen des k. k. naturhistorischen Hofmu-
seums, Wien;* XX, p. 291-294.
Tirés à part, même pagination.

1892. BARROIS (Th.).

Sur une curieuse difformité de certaines coquilles
d'Unionidæ [de Syrie].
Revue biologique du Nord de la France; IV,
n° 6 (1er Mars), p. 235-239, 2 figures dans le texte.

1859. BENSON (W. H.).

Description of a new *Bulimus* from Jerusalem.
The Annals and Magazine of Natural History;
London, 3e ser., III, n° 17 [Mai], p. 393-394.
Description du *Bulimus Benjamiticus* n. sp.

1889. BLANCKENHORN (Dr M.).

Beitrag zur Kenntniss der Binnenconchylien-
Fauna von Mittel- und Nord-Syrien.
*Nachrichtsblatt der Deutschen Malakozool.
Gesellschaft;* n°s 5-6, p. 76-90.
Tirés à part, même pagination.

1899. BLISS (J.).

Molluscs in Asia Minor.
Science Gossip; V, p. 322-323.

1878. BOETTGER (Dr O.).

Monographie der Clausiliensection *Albinaria;*
V. Vest.
Cassel, in-4°, 135 p., 4 pl. coloriées. (Extrait
des : *Novitates Conchologicæ,* I.).

1878 a. Boettger (Dr O.).

Beitrag zu einem Katalog der innerhalb der Gränzen des russischen Reichs verkommenden Vertreter der Landschneckengattung *Clausilia* Drap.

Mélanges biologiques tirés du Bulletin de l'Académie impériale des Sciences de Saint-Pétersbourg, X, p. 159-198 [et : *Bulletin de l'Académie impériale des Sciences de Saint-Pétersbourg*; XXV, p. 163-190].

Les tirés à part ont la pagination du volume X des *Mélanges biologiques*.

1879. Boettger (Dr O.).

Neue Kaukasische Hyalinia.
Jahrb. der deutschen Malakozool. Gesellschaft; VI, p. 97-98.

1879 a. Boettger (Dr O.).

Kaukasische Mollusken gesammelt von Herrn Hans Leder.
Jahrb. der deutschen Malakozool. Gesellschaft; VI, p. 1-42, taf. I. Forme le n° 1 des *Kaukasische Mollusken*.
Tirés à part, méme pagination.

1879 b. Boettger (Dr O.).

Kaukasische Mollusken gesammelt von Hernn Dr G. Sievers in Tiflis.
Jahrb. der deutschen Malakozool. Gesellschaft; VI, p. 388-412, taf. X. Forme le n° II des *Kaukasische Mollusken*.
Tirés à part, même pagination.

1880. Boettger (Dr O.).

Kaukasische Mollusken gesammelt von Herrn Hans Leder, z. Z. in Tiflis.

Jahrb. der deutschen Malakozool. Gesellschaft;
VII, p. 109-150, taf. IV. Forme le n° III des *Kaukasische Mollusken*.

1880 a. BOETTGER (Dr O.).

Armenische und transkaukasische Mollusken,
aus einer Sendung des Herrn Dr G. SIEVERS in Tiflis.
Jahrb. der deutschen Malakozool. Gesellschaft;
VII, p. 151-161, taf. V. Forme le n° IV des *Kaukasische Mollusken*.
Ces deux derniers mémoires ont été tirés à part,
en une seule brochure sans titre spécial, mais avec
pagination spéciale : 53 p. in-8 et 2 pl.

1880 b. BOETTGER (Dr O.).

Diagnoses Molluscorum novorum ab. ill. HANS
LEDER in regione caspia Talysch dicta lectorum.
Jahrb. der deutschen Malakozool. Gesellschaft;
VII, p. 379-383. Forme le n° V des *Kaukasische Mollusken*.
Tirés à part, même pagination.

1881. BOETTGER (Dr O.).

Sechstes Vergeichniss transkaukasischer, armenischer und nordpersischen Mollusken aus Sendungen der Herren HANS LEDER, r. z. in Kutais
und Dr G. SIEVERS in Saint-Petersburg.
Jahrb. der deutschen Malakozool. Gesellschaft;
VIII, p. 167-261, taf. VI-IX. Forme le n° VI des
Kaukasische Mollusken.
Tirés à part, même pagination.

1883. BOETTGER (Dr O.).

Siebentes Verzeichniss von Mollusken der Kaukasusländer, nach Sendungen des Hrn. HANS
LEDER, r. z. in Helenendorf bei Elisabetpol (Transkaukasien).

Jahrb. der deutschen Malakozool. Gesellschaft;
X, p. 135-198, taf. IV-VII. Forme le n° VII des
Kaukasische Mollusken.
Tirés à part, même pagination.

1883 a. BOETTGER (Dr O.).

Malakozoologische und Palaeontologische Mittheilungen. II. Binnenconchylien aus Syrien.
*Bericht des Offenbacher Vereins für Natur-
kunde;* n°s 22-23; p. 162-176, taf. I.
Tirés à part, même pagination.

1883 b. BOETTGER (Dr O.).

On new *Clausiliæ* from the Levant, collected
by Vice-Admiral T. SPRATT, R. N.
Proceedings Zoological Society of London;
(1er May), p. 324-343, pl. XXXIII-XXXIV.
Tirés à part, même pagination.

1884. BOETTGER (Dr O.).

Liste der von Herrn O. RETOWSKI in Abchasien
gesammelten Binnenmollusken.
*Bericht über die Senckensbergische natur-
forschende Gesellschaft in Francfurt am Main;*
p. 146-155. Forme le n° VIII des *Kaukasische
Mollusken.*

1885. BOETTGER (Dr O.).

On five new species of Shells of the genus
Buliminus from the Levant, collected by Vice-
Admiral T. SPRATT.
Proceedings Zoological Society of London;
p. 23-26, 5 figures dans le texte.
Tirés à part, même pagination.

1886. BOETTGER (Dr O.).

Neuntes Verzeichniss (IX) von Mollusken der

Kaukasusländer nach Sendungen des Hrn. HANS LEDER, z. Z. in Helenendorf bei Elisabetpol (Transkaukasien).

Jahrb. der deutschen Malakozoolog. Gesellschaft; XIII, p. 121-156, taf. III. Forme le n° IX des *Kaukasische Mollusken*.

Tirés à part, même pagination.

1886 a. BOETTGER (Dr O.).

Die Binnenmollusken des Talysch-Gebietes, in : RADDE (Dr GUSTAV):

Die Fauna und Flora des Südwestlichen Caspi-Gebietes; Leipzig 1886, p. 257-350, taf. II-III. Forme le n° X des *Kaukasische Mollusken*.

Tirés à part, même pagination.

1886 b. BOETTGER (Dr O.).

Abbildungen und Beschreibungen von Binnen-conchylien aus dem Talysch-Gebiet im Südwesten des Caspisees (XI).

Jahrb. der deutschen Malakozool. Gesellschaft; XIII, p. 241-258, taf. VIII. Forme le n° XI des *Kaukasische Mollusken*.

Tirés à part, même pagination.

1888. BOETTGER (Dr O.).

Diagnosen neuer Kaukasischer Arten.

Nachrichtsblatt der deutschen Malakozool. Gesellschaft; n°s 9-10 (Septembre-Octobre), p. 149-155.

Tirés à part, même pagination.

1889. BOETTGER (Dr O.).

Zehntes Verzeichniss (XII) von Mollusken der Kaukasusländer, nach Sendungen des Hern HANS LEDER, in Helenendorf bei Elisabetpol (Transkaukasien).

*Bericht über die Senckensbergische naturfors-
chende Gesellschaft in Frankfurt am Main*;
p. 1-37, taf. I. Forme le n° XII et dernier des
Kaukasische Mollusken.

Tirés à part, même pagination.

1889 a. BOETTGER (Dr O.).

Die Binnenmollusken Transkaspiens und Cho
rassans.

Zoologische Jahrbücher, IV (*Systematic*);
p. 925-982, taf. XXVI-XXVII. Appendice par le
Dr H. SIMROTH : Anatomische Notizen zu Nacktschnecken der Gattungen *Lytopelte* und *Parma-
cella* aus Nordpersien; p. 982-992.

Tirés à part, même pagination.

1890. BOETTGER (Dr O.).

Verzeichnis der von Herrn E. von OERTZEN aus
Griechenland und aus Kleinasien mitgebrachten
Vertreter der Landschneckengattung *Clausilia*
Drap.

*Abhandlungen Senkenbergischen naturfors-
chenden Gesellschaft Frankfurt a. M.;* XVI,
p. 31-68, pl. 1.

Tirés à part, même pagination.

1898. BOETTGER (Dr O.).

Zwei neue Landschnecken aus Kleinasien.
*Nachrichtsblatt der deutschen Malakozoolog.
Gesellschaft*; (Janvier - Février), p. 12-16.

1898 a. BOETTGER (Dr O.).

Bermerkungen über einige *Buliminus* aus Kleinasien, Syrien und Cypern nebst Beschreibung
neuer Arten.

*Nachrichtsblatt der deutschen Malakozoolog.
Gesellschaft*; (Janvier - Février), p. 19-27.

Tirés à part, même pagination.

— 136 —

1899. Boettger (Dr O.).

Eine neue *Eremia* aus der Oase Sinah.
Nachrichtsblatt der deutschen Malakozoolog.
Gesellschaft; (Septembre-Octobre), p. 158-161.

1905. Boettger (Dr O.).

Die Konkhylien aus den Anspülungen des Sarus-
Flusses bei Adana in Cilicien.
Nachrichtsblatt der deutschen Malakozoolog.
Gesellschaft, XXXVII, p. 97-123, taf. 2 a.
Tirés à part, même pagination.

Boettger (Dr O.).

Voir : Naegele (G.) et Boettger (Dr O.), 1890.

1852. Bourguignat (J. R.).

Testacea novissima quæ F. de Saulcy in itinere
per orientem aunis 1850 et 1851, collegit, Paris,
in-8, 31 pages.

1853. Bourguignat (J. R.).

Catalogue raisonné des Mollusques terrestres et
fluviatiles recueillis par M. F. de Saulcy pendant
son voyage en Orient.
Forme la 15e Livraison de l'ouvrage de F. de
Saulcy : Voyage autour de la mer Morte et dans
les terres bibliques exécuté de Décembre 1850 à
Avril 1851.
Paris, in-4°, XXVI + 96 pages, 4 planches
lithogr.

1847. Charpentier (J. de).

Uebersicht der durch Herrn Ed. Boissier von
einer Reise nach Palästina mit zurückgebrachten
Conchylien-Arten.
Zeitschrift für Malakozoologie; (Septembre),
p. 129-144.
Tirés à part.

1852. Conrad (T. A.).

Recent Shells, in : Lynch (Lieut. W. F.). — Official Report of the United States Expedition to explore the Dead Sea and the river Jordan; p. 228 - 229, pl. XV, fig. 80 et pl. XXII, fig. 128 - 130.

[Les figures ainsi désignées dans le texte de Conrad portent en réalité, les n°s 131, 132 et 133 sur la pl. XXII].

1875. Costa (A.).

Relazione di un viaggio per l'Egitto, la Palestina e le Coste della Turchia asiatica per richerche Zoologische.

Atti della R. Accademia delle Scienze Fisicha e Matematiche di Napoli, vol. XII; (Séances des 6 et 13 Mars 1875); tirés à part, Napoli, in - 4°, 40 pages.

1894. Dautzenberg (Ph.).

Liste des Mollusques terrestres et fluviatiles recueillis par M. Th. Barrois en Palestine et en Syrie.

Revue biologique du Nord de la France; VI, p. 329-354. Tirés à part, Lille, 1894, in-8, pagination spéciale, (4 figures dans le texte).

1882. Dohrn (H.).

Ueber einiger centralasiatische Landschnecken.
Jahrb. d. deutschen Malakozool. Gesellschaft; IX, p. 115-120.

1893. Drouet (H.).

Description de deux Unios nouveaux du bassin de l'Oronte.

Revue biologique du Nord de la France; V, p. 285-288, 2 figures dans le texte.

18

1828-1845. Ehrenberg (C. G.).

Symbolæ physicæ, seu icones et descriptiones corporum animalium novorum aut minus cognitorum, quae ex itineribus per Libyam, Ægyptum, Nubiam, Dongolam, Syriam, Arabiam et Habessiniam, publico institutis sumptu Frederici Guilelmi Hemprich et Christiani Godfredi Ehrenberg, medicinæ et chirurgiæ doctorum, studio annis MDCCCXX-MDCCCXXV redierunt.

Berlin, 1828-1845, 2 vol. in-folio, avec planches coloriées.

1775-1776. Fôrskal.

Descriptiones animalium, avium, piscium, amphibiorum, vermium, insectorum, quæ in itinere orientali observavit.

Hauniæ, in-4°.

1919. Frankenberger (Z.).

Uber einige kaukasische Heliciden.
Archiv für Naturgeschichte; LXXXIII, [1917, paru en Mars 1919], p. 67-77, 6 figures dans le texte.

Tirés à part, même pagination.

1911. Germain (Louis).

Mollusques terrestres et fluviatiles de l'Asie antérieure :

Iʳᵉ Note. — Sur les Mollusques terrestres et fluviatiles recueillis par M. Henri Gadeau de Kerville pendant son voyage en Syrie.
Bulletin Muséum Histoire naturelle Paris; XVII, n° 1, p. 27-32.

2ᵉ Note. — Mollusques nouveaux de Syrie.
Ibid.; XVII, n° 2, p. 63-67.

3ᵉ Note. — Limaciens nouveaux de Syrie.
Ibid.; XVII, n° 3, p. 140-142.

4ᵉ Note. — Un Bythinella nouveau de la Perse.
Ibid.; XVII, n° 5, p. 328-329, fig. 1 (dans le texte).

1911 a. Germain (Louis).

Etudes sur la faune malacologique terrestre et fluviatile de l'Asie Antérieure. Parmacellidæ et Limacidæ (1ʳᵉ partie).

Bulletin de la Délégation en Perse, publié sous la Direction de J. de Morgan. II, p. 4-45, 6 figures dans le texte et pl. I-IV (coloriées).

Tirés à part, même pagination.

1912. Germain (Louis).

Mollusques terrestres et fluviatiles de l'Asie antérieure :

5ᵉ Note. — Catalogue des Gastéropodes de la Syrie et de la Palestine.

Bulletin Muséum Histoire naturelle Paris; XVIII, n° 7, p. 440-452.

1913. Germain (Louis).

Mollusques terrestres et fluviatiles de l'Asie Antérieure :

6ᵉ Note. — Catalogue des Pélécypodes de la Syrie et de la Palestine.

Bulletin Muséum Histoire naturelle Paris; XIX, n° 7, p. 469-473.

1917. Germain (Louis).

Sur les Collections Malacologiques réunies par M. J. de Morgan pendant ses voyages en Asie Antérieure.

Bulletin Muséum Histoire naturelle Paris; XXIII, n° 7, p. 530-532.

1918. Germain (Louis).

Mollusques terrestres et fluviatiles de l'Asie Antérieure :

8° Note. — Sur quelques Planorbes asiatiques.
Bulletin Muséum Histoire naturelle Paris;
XXIV, n° 4, p. 271-283, pl. V.

1893. Goldfuss (Dr. O.).

Eine neue Pomatia.
*Nachrichtsblatt der deutschen Malakozoolo-
gischen Gesellschaft;* n°ˢ 5-6 (Mai-Juin), p. 86.

1902. Gude (G. K.).

A classified list of the Helicoid Land Shells of
Asia.
Journal of Malacology; IX, p. 1-11, 51-59,
97-104 et 112-129.
Tirés à part, même pagination.
[La part. IV (p. 112-129) contient (§. XI, p.
126-129) une Liste des Helicéens de la Syrie et de
la Palestine].

1907. Hesse (P.).

Kritische Fragmente.
1. Berichtigung einiger Namem.
*Nachrichtsblatt der deutschen Malakozoolo-
gischen Gesellschaft;* p. 69-72.
Tirés à part, même pagination.

1908. Hesse (P.).

Kritische Fragmente.
V. *Helix berytensis* Fér. und *fourousi* Bgt.
VI. Bemerkungen über das Genus *Theba* Risso
(*Carthusiana* Kob.)
*Nachrichtsblatt der deutschen Malakozoolo-
gischen Gesellschaft;* p. 133-137.
Tirés à part, même pagination.

1910. Hesse (P.).

Kritische Fragmente.

VIII. *Helix granulata* Roth.
IX. Das Genus *Zonites* Montfort.
Nachrichtsblatt der deutschen Malakozoologischen Gesellschaft; p. 165-169.
Tirés à part, même pagination.

1910 a. HESSE (P.).

Ueber einige vorderasiatische Schnecken.
Nachrichtsblatt der deutschen Malakozoologischen Gesellschaft; p. 124-134.
Tirés à part, même pagination.

1912. HESSÉ (P.).

Beschreibungen neuer Arten.
Nachrichtsblatt der deutschen Malakozoologischen Gesellschaft; XLIV, p. 56-62.
Tirés à part, même pagination.

1914. HESSE (P.).

Kritische Fragmente.
X. Zur Nomenclatur.
XII. *Zonites Goldfussi* Wstld. (1890).
Nachrichtsblatt der deutschen Malakozoologischen Gesellschaft; XLVI, p. 59 et p. 63-64.
Tirés à part, même pagination.

1914 a. HESSE (P.).

Beschreibungen neuer Arten.
Nachrichtsblatt der deutschen Malakozoologischen Gesellschaft; XLVI, p. 64-67.
Tirés à part, même pagination.

1915. HESSE (P.).

Zeichnungen aus Adolf Schmidt's Nachlass.
Nachrichtsblatt der deutschen Malakozoologischen Gesellschaft; XLVII, p. 17-34.
Tirés à part, même pagination.

1915 a. Hesse (P.).

Kritische Fragmente.
XIV. Die Gattung *Theba* Risso.
*Nachrichtsblatt der deutschen Malakozoolo-
gischen Gesellschaft;* XLVII, p. 54-55.
Tirés à part, même pagination.

1915 b. Hesse (P.).

Beschreibungen neuer Arten.
*Nachrichtsblatt der deutschen Malakozoolo-
gischen Gesellschaft;* XLVII, p. 58-63.
Tirés à part, même pagination.

1918. Hesse (P.).

Kritische Fragmente.
XIX. *Helix jasonis* Dubois.
XX. *Helix genezarethana* Mous.
*Nachrichtsblatt der deutschen Malakozoolo-
gischen Gesellschaft;* L, p. 34-35.
Tirés à part, même pagination.

1918 a. Hesse (P.).

Das Genus *Levantina* Kob.
*Nachrichtsblatt der deutschen Malakozoolo-
gischen Gesellschaft;* L, p. 40-47.
Tirés à part, même pagination.

1920. Hesse (P.).

Kritische Fragmente.
XXII. *Obelus* Hartm.
XXIV. *Helix buchi adsharica* Kob.
Archiv für Molluskenkunde (suite des *Nach
richtsblatt*) Heft 3, p. 130-132.
Tirés à part, même pagination.

1919-1920. Hesse (P.).

Iconographie der Land-und Süsswasser-Mol-

lusken, (ouvrage commencé par G. A. ROSSMASSLER
et continué par le Dr. W. KOBELT).

Vol. XXIII, Berlin et Wiesbaden, pet. in-4°,
262 p., pl. 631-650.

1837. HOHENACKER (R. FR.).

Enumeratio animalium quæ in provinciis Kora-
bach, Schirwan et Talysch, etc., observavit.
Bulletin Société Natur. Moscou; VII, p. 136-147.

1865. ISSEL (A.).

Dei Molluschi raccolti dalla Missione Italiana in
Persia.
*Memorie della R. Academia delle Scienze di
Torino;* 2ᵉ série, XXIII, p. 387-439, Taf. I-III.
Tirés à part.

1893. KLIKA (B.) et SIMROTH (Dr. H.).

Beiträge zur Kenntniss der Kaukasisch-armenischen Molluskenfauna.
*Königl. böhmischen Gesellschaft der Wissens-
chaften, Prag*; Mathematisch-Naturwissenschaft-
lichen Classe; p. 1-23, Taf. XVII.
Tirés à part, même pagination.
[Ce travail se compose, en réalité, de deux
mémoires : I. Verzeichniss der von Dr. V. VAVRA
während seiner Kaukasus-Reise gesammelten Binnenconchylien; p. 1-7 (par B. KLIKA); et II. Beiträge zur Kenntniss der Kaukasisch-armenischen
Nacktschneckenfauna; p. 8-23 (par H. SIMROTH)].

1894. KNIGHT (G. A. F.).

Remarks on some of the Land and Freshwater
Mollusca of Palestine.
Transactions Society of Glasgow; IV, p. 9-15,
pl. I.

1889. Kobelt (Dr. W.).

> Diagnosen neuer Arten.
> *Nachrichtsblatt der deutschen Malakozoologischen Gesellschaft;* n°s 7-8 (Juillet-Août); p. 138-141.

1893. Kobelt (Dr. W.).

> Diagnosen neuer palaearctischer Arten.
> *Nachrichtsblatt der deutschen Malakozoologischen Gesellschaft;* n°s 9-10 (Septembre-Octobre), p. 150-153.

1894. Kobelt (Dr. W.).

> Diagnosen neuer Arten.
> *Nachrichtsblatt der deutschen Malakozoologischen Gesellschaft;* XXVII, p. 33-35.

1896. Kobelt (Dr. W.).

> Die geographische Verbreitung der Untergattüng *Pomatia* Leach.
> *Nachrichtsblatt der deutschen Malakozoologischen Gesellschaft;* n° 3 (Mars); p. 25-33.

1896 a. Kobelt (Dr. W.).

> Eine Najaden aus Turkestan.
> *Nachrichtsblatt der deutschen Malakozoologischen;* n°s 7-8 (Juillet-Août); p. 102-103.

1896. Kobelt (Dr. W.) et Rolle (H.).

> Diagnosen neuer Pomatien.
> *Nachrichtsblatt der deutschen Malakozoologischen Gesellschaft;* n° 3 (Mars); p. 34-37.

1895-1897. Kobelt (Dr. W.) et Rolle (H.).

> Beiträge zur Molluskenfauna des Orients.
> Wiesbaden, petit in-4°, 72 p., 30 pl.

[Cet ouvrage, qui constitue le premier volume supplémentaire de l'*Iconographie der Land- und Süsswasser-Mollusken mit vorzüglicher berücksichtigung der europæischen noch nicht abgebildeten Arten* [de E. A. ROSSMASSLER, continué par le Dr. W. KOBELT] a paru en 3 livraisons : les deux premières (p. 1-32, pl. 1 à 6, 8, 10 à 12 et p. 33-40, pl. 1 a, 7, 7 a, 9, 13 à 18), ont paru en 1895, la troisième (p. 41-72, pl. 19 à 28 et titres), n'a été publiée qu'en 1897].

1898. KOBELT (Dr. W.).

Studien zur Zoogeographie.
II. Die Fauna der meridionalen sub-region.
Wiesbaden, in-8, X + 368 p.
Les chapitres suivants sont à consulter :
Zweites Kapitel : *Der Kaukasus;* p. 36-71;
— Drittes Kapitel : *Mesopotamien, Persien und Arabien;* p. 72-198; — Achtes Kapitel : *Die Binnenmollusken der meridionalen Region;* p. 203-217; — Dreizehutes Kapitel : *Kleinasien;* p. 328-343; — Vierzehntes Kapitel ; *Syrien, Palestina, Egypten;* p. 344-362.

1913. KOBELT (Dr. W.).

Neue vorderasiatische Unionen.
Nachrichtsblatt der deutschen Malakozoologischen Gesellschaft; part. 1-2, p. 38-44.

1833. KRYNICKI (J.).

Novæ species aut minus cognitæ e Chondri, Bulimi, peristomæ helicisque generibus præcipue Rossiæ meridionalis.
Bulletin de la Société impériale des naturalistes de Moscou; VI, p. 391-436, Tab. VI-X (color.).
[En Russe; diagnoses en latin].

1829-1876. Lea (Isaac).

> Le grand travail de ce naturaliste : *Observations on the Genus Unio*, etc..., a paru entre 1829 et 1876. Les références bibliographiques exactes s'y rapportant sont difficiles à préciser, l'auteur ayant réuni, sous cette dénomination générale, de nombreux Mémoires publiés sous des titres divers. Je pense donc être utile aux malacologistes en présentant ici le tableau aussi complet que possible de cet important ouvrage.

Vol. I. — Observations | on the | Genus Unio, | together with | Descriptions of New Genera and Specics in the Families | Naïades, Conchæ, Colimacea, Lymnœana, Me — | laniana and Peristomiana : | consisting of four memoirs read before the American Philosophical Society from | 1827 to 1834, and originally published in their Transactions, | with numerous coloured plates.

Philadelphia : | Printed for the Author, | by James Kay, Jun. and Co., gr. in-4°; 1834; IV + 233 p.; 46 planches coloriées.

Ce premier volume est la réunion de deux fascicules précédemment parus, le premier de la manière compliquée que je vais exposer, le second comme extrait des *Transactions American philosophical Society*.

Fascicule I. — Ce fascicule renferme les parties suivantes :

A). Description of six New Species of the Genus Unio, embracing the Anatomy of the Oviduct of one of them, together with some Anatomical Observations on the Genus.

Transactions American philosophical Society; New series; III, 1827, p. 259-273, pl. III-VI.

B). Description of a New Genus of the Family of Naïades, including Eight Species, Four of which are New; also the description of Eleven New Species of the Genus Unio from the Rivers of the United States; with Observations on some of the Caracters of the Naïades.

Transactions American philosophical Society; New Series; III, p. 403 - 457, pl VII - XIV (coloriées).

Ces parties A et B réunies ont été imprimées à part sous le titre :

α). Observations | on | the Genus Unio, | together with | Descriptions | of | Eighteen New Species; and of the Genus Symphy — | nota, new separated from the family of | Naïades, containing nine species.

Philadelphia : | Printed by James Kay, Jun. & Co. | 1829, gr. in - 4°; p. 71, pl. III–XIV (coloriées).

C). Observations on the Naïades, and Descriptions of New Species of that and other Families.

Transactions American philosophical Society; New Series; IV, p. 63 - 105 [7 Mai 1830] et p. 105 - 121 [20 Mai 1831], pl. III - XVIII coloriées.

D). Description of a new Genus of the family Melaniana of Lamarck.

Transactions American philosophical Society; New Series; IV, 1831, p. 122 - 123.

Ce sont les parties α, C et D qui réunies, constituent le premier fascicule du vol. I. Ce fascicule a paru séparément sous le titre :

Observations | on | the Genus Unio, | together with | Descriptions | of | New Genera and Species in the Families Naïades, | Melaniana and Colimacea. | [Read before the Am. | Philos. Society in 1827, 1829 and 1831, and publi-shed in | their Transactions in vols. III and IV, N. S.] By Isaac Lea, | member of the American Philosophical Society, of the Academy of Natural Sci — | ences of Philadelphia, of the Lyceum of Natural History of New-York, | of the Royal Physical Society of Edinburgh, of the Natural | History Society of Montréal, corresponding member | of the Linnean Society of Bordeaux...

Philadelphie : | Printed by James Kay, Jun. & Co. |

Printers to the Society, | 1832, gr. in-4°; 133 p. XXVII pl. coloriées.

Fascicule II. — Observations on the Naïades; and Descriptions of New Species of that and others Families.

Transactions American philosophical Society; New Series; V; p. 23-59 [16 Mars 1832], 59-94 [15 Mars 1833]; 94-113 [7 février 1834] et 113-119 [18 Avril 1834].

Vol. II. — Observations | on the | Genus Unio, | together with | Descriptions of New Genera and Species in the Families | Naïades, Colimacea, Lymnæana, Melaniana | and Peristomiana.

Philadelphia, Juin 1838, gr. in-4°; III + 152 p., 29 pl. coloriées.

Extrait des *Transactions American Philosophical Society*; VI, p. 1-154, pl. I-XXIX où ce travail a paru sous le titre :

Description of New Freshwater and Land Shells; *loc. supra cit.*; New Series; VI; p. 1-18 [19 Décembre 1834]; 19-20 [2 Janvier 1835]; 21-22 [18 Septembre 1835]; 23-48 [5 Février 1836]; 48-69 [15 Juillet 1836]; 69-72 [19 Août 1836]; 73-94 [4 Novembre 1836]; 95-102 [21 Juillet 1837]; 103-108 [5 Janvier 1838] et p. 108-154 [19 Janvier 1838].

Vol. III. — Observations, etc... [1].

Philadelphia : | Printed for the author. gr. in-4°, 1842, p. 88 et 22 planches.

Paru précédemment sous le titre :

Description of the New Fresh Water and Land Shells; *Transactions American philosophical Society*; New Series, VIII, p. 163-250, pl. V à XXVII (16 Décembre 1842).

---

1. Ce titre ne sera répété que dans les cas où il présentera des différences avec celui du Vol. II.

Vol. IV. — Observations, etc...

Philadelphia : | Printed for the Author. gr. in-4°, 1848, 101 p. avec 13 planches.

Ce volume est formé de la réunion des trois articles suivants :

A). Continuation of Mr. Lea's Paper on Fresh Water and Land Shells.

Transactions American Philosophical Society; IX; 5 Avril 1844, p. 1 - 31.

B). Description of New Fresh Water and Land Shells. *Loc. supra cit.*; IX, 1845, p. 275 - 282; pl. XXXIX-XLII.

C). Description of New Fresh Water and Land Shells. *Loc. supra cit.*; X, 7 Janvier 1848, p. 67 - 101, pl. 1 - IX.

Vol. V. — Observations, etc...
Philadelphia : | Printed for the Author. gr. in - 4°; 1852, p. 62 et 19 planches.

Ce volume est formé de la réunion des articles suivants :

A). Descriptions of New Species of the Family Unionidæ. *Transactions American Philosophical Society*; New Series, X, 5 mars 1852, p. 253 - 294, pl. XII - XXIX.

B). Description of a New Genus (Basistoma) of the Family Melaniana, together with some New Species of American Melaniæ.

Loc. supra cit.; X, 5 mars 1852, p. 295-302, pl. XXX.

C). Description of a New Species of Helix, from California, and a new Characteristic form of certain American Colimaceæ.

Loc. supra cit.; X, 5 Mars 1852, p. 303 - 305.

Vol. VI. — Observations | on | the | Genus Unio, | together with | Descriptions of New Species, their Soft Parts, and Embryonic Forms, in | the Family Unionidæ.

Philadelphia : | Printed for the Author. gr. in-4°, 1858, p. 97 avec 29 planches.

— 150 —

Ce volume est la réunion des deux fascicules suivants :

Fascicule I. — Description of Exotic Genera and Species of the family Unionidæ.

Journal Academy Natural Sciences of Philadelphia New Series, 1er Décembre 1857, p. 289-321, pl. XXI-XXXIII.

Le tirage à part porte le titre :

Observations | on the | Genus Unio, | together with | Descriptions of New Species in the Family Unionidæ. | Vol. VI, | part. I.

Philadelphia : 1857, gr. in-4°, p. 7-48, 13 planches.

Fascicule II. — *a*] Description of the Embryonic Forms of Thirty-eigt species of Unionidæ.

Journal Academy Natural Sciences of Philadelphia; New Series; IV, 23 Novembre 1858, p. 43-50, pl. V.

b] New Unionidæ of the United States.

Loc. supra cit.; IV, 23 Novembre 1858, p. 51-95, pl. VI-XX.

La réunion de ces deux articles [*a* et *b*] forme le fascicule II du tome VI, paru sous le titre :

Observations | on the | Genus Unio, | together with | Descriptions of New Species, their Soft Parts, and Embryonic Forms, in | the Family Unionidæ. | Vol. 6, — Part II. | Philadelphia : 1858, gr. in-4°, p. 49-95, 16 planches.

Vol. VII. — Observations, etc... [1].

Philadelphia : | Printed for the Author. gr. in-4°, 1860, p. 93 avec 25 planches.

Ce volume est également formé de la réunion de deux fascicules.

Fascicule I. — New Unionidæ of the United States.

Journal Academy Natural Sciences of Philadelphia; New Series; IV, septembre 1859, p. 191-223, pl. XXI-XXXII.

Le tirage à part porte le titre :

Observations | on the | Genus Unio; etc... [2] | Vol. 7, — Part I. |

1. Même titre que le Vol. VI.
2. Même titre que le Vol. VII.

Philadelphia : gr. in-4°, 1859, p. 8-51, 12 planches.

Fascicule II. — Descriptions of Exotic Unionidæ. *Loc. supra cit.*; 20 Décembre 1859, lV, p. 235-273, pl. XXXV -XLV.

Le tirage à part porte le titre :
Observations | on the | Genus Unio, etc... [1] | Vol. 7 | Part II. |
Philadelphia : gr. in-4°, 1860, p. 53-91, 13 planches.

Vol. VIII. — Observations | on the | Genus Unio; etc...[1]
Philadelphia: | Printed for the Author. gr. in-4°; 1862; p. 115 avec 34 planches.

Ce volume est encore formé de la réunion de deux fascicules.

Fascicule I. — New Unionidae of the United States and Northern Mexico.

Journal Academy Natural Sciences Philadelphia; new séries; IV, Novembre 1860; p. 327-374; pl. LI-LXVI.

Le tirage à part a paru sous le titre :
Observations | on the | Genus Unio; etc...[1] | vol. 8. — Part. I.
Philadelphia; gr. in-4°; 1860; p. 56, 16 planches.

Fascicule II. — New Unionidae of the United States.

Journal Academy Natural Sciences Philadelphia; new series; V, 12 Novembre 1861; p. 53-109, pl. I-XVIII.

Le tirage à part a paru sous le titre:
Observations | on the | Genus Unio; etc...[1] | vol. 8. — Part. II.
Philadelphia; gr. in-4°; Février 1862; p. 57-113; 18 planches.

Vol. IX. Observations | on the Genus Unio; etc...[1]
Philadelphia: | Printed for the Author. gr. in-4°; 1863; p. 180, 16 planches.

---

1. Même titre que le Vol. VI.

Ce volume est formé de la réunion des tirés à part des deux articles suivants :

A). New Unionidae of the United States and Arctic America.

Journal Academy Natural Sciences Philadelphia; new series; V, 3 Juin 1862; p. 187-216; pl. XXIV-XXXIII.

B) New Melanidae of the United States.

Loc. supra cit.; V, 3 Juin 1862 [tirés à part, parus en Mars 1863]; p. 217-356, pl. XXXIV–XXXIX.

VOL. X. Observations | on the | Genus Unio; etc... [1].

Philadelphia : | Printed for the Author, gr. in-4°; 1863; p. 94 avec 10 planches.

Ce volume est constitué par la réunion des deux articles suivants :

A) New Exotic Unionidae.

Journal Academy Natural Sciences Philadelphia; new series; V, 26 Mai 1863; p. 377-400; pl. XLI-L.

B). Descriptions of the Soft Parts of one hundred and forty-three species and some Embryonic Forms of Unionidae of the United States.

Loc. supra cit.; V, 26 Mai 1863; p. 401-456.

VOL. XI. Observations | on the | Genus Unio, | together with | Descriptions of New Species in the Family Unionidae, | and Descriptions of New Species of the | Melanidae, Limneidae, Paludinidae and Helicidae.

Philadelphia : | Printed for the Author. gr. in-4°; 1867; p. 146 avec 24 planches.

Ce volume se compose des deux articles suivants :

A). New Unionidae, Melanidae, etc..., chiefly of the United States.

Journal Academy Natural Sciences Philadelphia; new series; VI, 1866, p. 5-65, pl. I-XXI.

1. Même titre que le vol. VI.

B). New Unionidae, Melanidae, etc..., chiefly of the United States.

Loc. supra cit.; VI, Décembre 1866, p. 113-187; pl. XXII-XXIV.

VOL. XII. Observations | on the | Genus Unio; | together with | Descriptions of New Species in the Family Unioni-dae, and Descriptions of New Species of the | Melanidae and Paludinae.

Philadelphia : | Printed for the Author. gr. in-4°; 1869, p. 105 avec 26 planches.

Le volume XII se compose de deux articles :

A). New Unionidae, Melanidae, etc..., chiefly of the United States.

Journal Academy Natural Sciences Philadelphia; new series; VI, 2 Juin 1868 (paru en Décembre 1868); p. 249-302; pl. XXIX-XLV.

B). New Unionidae, Melanidae, etc..., chiefly of the United States.

Loc. supra cit.; VI, Décembre 1868; p. 303-343; pl. XLVI-LIV.

VOL. XIII. Observations | on the | Genus Unio; | together with | Descriptions of New Species in the Family Unioni-dae, | and Descriptions of | Embryonic Forms and Soft Parts, | also, New Speciesof | Streptomatidae, Linnæidae |.

Philadelphia: | Printed for the Author. gr. in-4°, 30 Mars 1874; p. 75 avec 22 planches.

Volume formé de la réunion des deux articles suivants:

A). Description of fifty-tow species of Unionidae.

Journal Academy National Sciences Philadelphia; new series; VIII; 15 Septembre 1873 (tirés à part, parus le 30 Mars 1874); p. 5-54, pl. I-XVIII.

B). Supplément to Isaac Lea's Paper on Unionidae.

Loc. supra cit.; 3 Février 1874 (tirés à part: 30 Mars 1874); VIII, p. 55-69, pl. XIX-XXII.

20

Enfin l'auteur a lui-même publié trois Index alphabétiques et méthodiques dont voici l'indication précise.

α. — Index | to vol. I. to XI. of | Observations | on the | Genus Unio, | together with | Descriptions of New Species of the Family Unionidae | and | Descriptions of New Species of the Melanidae, | Paludinidae, Helicidae, etc..., | [Read before the American Philosophical Society and the Academy of Natural | Sciences of Philadelphia, from 1827 to 1863, | by | Isaac Lea, LL. D., etc..., |].

Philadelphia : | Printed for the Author | by T. K. Collins, 705 Jayne Street. gr. in-4°, 1867; 63 p.

β. — Index | to vol. XII. | and Supplementary Index to vols. I. to XI. of | Observations | on the | Genus Unio, | together with | Descriptions of New Species of the Family Unionidae, | and | Descriptions of New Species of the Melanidae, | Paludinidae, Helicidae, etc..., | [Read before the American Philosophical Society and the Academy of Natural | Sciences of Philadelphia, from 1827 to 1868. | by | Isaac Lea, LL. D., etc... | — | vol. II. |].

Philadelphia : | Printed for the Author · | by T. K. Collins, 705 Jayne Street. gr. in-4°, 1869, p. 23.

γ. — Index | to vol. I. to XIII. of | Observations | on the | Genus Unio, | together with | Descriptions of New Species of the Family Unionidae, | and | Descriptions of New Species of the Melanidae, | Paludinidae, Helicidae, etc..., | [Read before the American Philosophical Society and the Academy of Natural Sciences of Philadelphia, from 1827 to 1874. | by | Isaac Lea, LL. D. | — | vol. III |].

Philadelphia : | Printed for the Author. | Collins, Printer, 705 Jayne Street. gr. in-4°; 1874, p. 29.

1901. Lindholm (W. A.).

Beiträge zur Kenntniss der Weichthierfauna Süd - Russlands.
Nachrichtsblatt der deutschen Malakozoologischen Gesellschaft; XXXIII, p. 161 - 186.

1883. Locard (A.).

Malacologie des lacs de Tibériade, d'Antioche et d'Homs.
Archives du Muséum d'Histoire naturelle de Lyon; III, p. 195 - 203, pl. XIX bis - XXIII.
Tirés à part, pagination spéciale; gr. in - 4°, 99 p., 5 pl.

1880. Lortet (Dr L.).

Dragages profonds exécutés dans le lac de Tibériade (Syrie) en Mai 1880.
Comptes-rendus Académie des Sciences de Paris; 13 septembre 1880.
Tirés à part, pagination spéciale.

1883. Lortet (Dr L.).

Etudes zoologiques sur la faune du lac de Tibériade suivies d'un aperçu sur la faune des lacs d'Antioche et de Homs. I. Poissons et reptiles du lac de Tibériade et de quelques autres parties de la Syrie.
Archives du Muséum d'Histoire naturelle de Lyon; III, p. 99 - 194, pl. VI - XIX.
Tirés à part, sous le titre : Poissons et reptiles, etc..., pagination spéciale; gr. in - 4°, 88 p., 14 pl.

1852. Lynch (Lieut. W. F.).

Official report of the United States Expedition to explore the Dead Sea and the river Jordan.
Baltimore; in - 4°, 235 p., 22 pl. + 7 pl.
Voir : Conrad (T. A.).

1871. MARTENS (D' E. von).

Ueber einige Schnecken von Palästina.
Malakozoologische Blätter; XVIII, p. 53-61,
taf. I.

1871 a. MARTENS (D' E. von).

Die ersten Landschnecken von Samarkand.
Malakozoologische Blätter; XVIII, p. 61-69,
taf I.

1874. MARTENS (D' E. von).

Mollusks *in* FEDCHENKO (A.). Puteshestvie v.
Turkestan, II Zoogeographicheskia izsledovania,
Tschast 1, Slisnjaki [Recherches sur le Turkestan,
vol. II, Observations zoogéographiques; part 1,
Mollusques].
Saint-Pétersbourg et Moscou, in-4°, 66 p., 3 pl.
[Ce mémoire a également paru dans les *Nach-*
richten der k. Gesellschaft der Liebhaden der
Naturkunde zu Moscou; 5° série, t. XI.]

1874 a. MARTENS (D' E. von).

Ueber vorderasiatische Conchylien, nach den
Sammlungen des Prof. HAUSKNECHT.
Cassel, gr. in-4°, 127 p., 9 pl. color.

1876. MARTENS (D' E. von).

Binnen-Mollusken von Chiwa.
Jahrbücher der Deutschen Malakozoologischen
Gesellschaft; III, p. 334-337, taf. XII, fig. 8.

1880. MARTENS (D' E. von).

Aufzählung der von D' ALEXANDER BRANDT in
Russisch-Armenien gesammelten Mollusken.
Bulletin de l'Académie impériale des Sciences
de Saint-Pétersbourg; XXVI, p. 142-158; et :

*Mélanges biologiques tirés du Bulletin de l'Aca-
démie impériale des Sciences de Saint-Pétersbourg*; X, p. 379 - 400.
Les tirés à part ont la pagination du volume X
des *Mélanges biologiques*.

1882. MARTENS (Dʳ E. von).

Ueber centralasiatische Land- und Süsswasser-
schnecken.
*Sitz. ber. Gesellsch. Naturforsch. Freunde
Berlin*; nº 7, p. 103 - 107.

1882. MARTENS (Dʳ E. von).

Ueber Centralasiatische Mollusken.
*Mémoires Académie impériale des Sciences
de Saint-Pétersbourg*; XXX, p. 1 - 66, taf. I - IV
(color.).
Tirés à part, même pagination.

1885. MARTENS (Dʳ E. von).

Mollusken.
In Asie Centrale Russe, Leipzig, p. 41-47.

1889. MARTENS (Dʳ E. von).

Landschnecken von Sinaï.
*Sitzungsberichte der Gesellschaft naturfors-
chender Freunde zu Berlin*; p. 200-201.

1904. MARTENS (Dʳ E von).

Conchylien von Urmia See.
*Sitzungsberichte der Gesellschaft naturfors-
chender Freunde zu Berlin;* pp. 18 - 19.

1881. MILACHEVICH (C.).

Etudes sur la faune des Mollusques vivants
terrestres et fluviatiles de Moscou.
*Bulletin de la Société impériale des naturalistes
de Moscou*; LVI, p. 215 - 241.

1910. Morgan (J. de).

Etudes sur la faune malacologique terrestre et fluviatile de l'Asie Antérieure. I. Cyclophoridæ, Cyclostomidæ, Auriculidæ.

Bulletin de la délégation en Perse publié sous la direction de J. de Morgan; I, p. 11-43, pl. I, et 7 figures dans le texte.

Tirés à part, pagination spéciale.

1854. Mortillet (G. de).

Description de quelques coquilles nouvelle d'Arménie et considérations malacostratiques.

Mémoires de l'Institut national Genevois, II, p. 5-16, pl. I.

Tirés à part, même pagination.

1854. Mousson (A.).

Coquilles terrestres et fluviatiles recueillies par M. le Prof. Bellardi, dans un voyage en Orient.

Mittheilungen der naturforschenden Gesellschaft in Zurich; n° 101, p. 362-388 et n° 103, p. 389-401.

Tirés à part, pagination spéciale.

Zurich, in-8, 59 p. 1 pl. [Les additions et corrections (p. 55-59 des tirés à part) ne sont pas imprimées dans les *Mittheilungen*].

1859. Mousson (A.).

Coquilles terrestres et fluviatiles recueillies dans l'Orient par M. le Dr. Alexandre Schlaefli.

Mittheilungen der naturforschenden Gesellschaft in Zurich; p. 12-36 et p. 253-297.

Tirés à part, pagination spéciale, Zurich, in-8, 71 p.

1861. Mousson (A.).

Coquilles terrestres et fluviatiles recueillies par M. le Prof. J. R. Roth, dans son dernier voyage en Palestine.

Mittheilungen der naturforschenden Gesellschaft in Zurich.

Tirés à part, pagination spéciale, Zurich, in-8, 68 p.

1863. Mousson (A.).

Coquilles terrestres et fluviatiles recueillies dans l'Orient par M. le Docteur Alexandre Schlaefli (2° partie).

Mittheilungen der naturforschenden Gesellschaft in Zurich.

Tirés à part, pagination spéciale, Zurich, in-8, 107 p.

1873. Mousson (A.).

Coquilles recueillies par M. le Docteur Sievers, dans la Russie méridionale et asiastique.

Journal de Conchyliologie; XXI, p. 193-230, pl. VII-VIII.

Tirés à part, pagination spéciale.

1874. Mousson (A.).

Coquilles terrestres et fluviatiles recueillies par M. le Dr. Alexandre Schlaefli en Orient.

Journal de Conchyliologie; XXII (3° série, XIV), p. 1-60.

Tirés à part, même pagination.

1876. Mousson (A.).

Coquilles recueillies par M. le Dr. Sievers, dans les contrés transcaucasiques. Notice II.

Journal de Conchyliologie; XXIV, p. 24-51, pl. II et pl. IV, fig. 1-2-3.

Tirés à part, pagination spéciale.

1876 a. Mousson (A.).

Coquilles recueillies par M. le Dr. Sievers, dans la Russie asiatique. Notice III.

Journal de Conchyliologie; XXIV, p. 137-148, pl. V, fig. 1-4.
Tirés à part, même pagination.

1890. Naegele (G.) et Boettger (Dr. O.).

Zwei neue syrische Clausilien.
Nachrichtsblatt der deutschen Malakozoologischen Gesellschaft; n⁰ˢ 7-8 (Juillet-Août), p. 137-140.

1890. Naegele (G.).

Zwei neue syrische Arten.
Nachrichtsblatt der deutschen Malakozoologischen Gesellschaft; n⁰ˢ 7-8 (Juillet-Août), p. 140-141.
Tirés à part, sans pagination.

1893. Naegele (G.).

Zur Molluskenfauna der nordwestlichen Persiens.
Nachrichtsblatt der deutschen Malakozoologischen Gesellschaft; n⁰ˢ 9-10 (Septembre-Octobre), p. 148-149.

1897. Naegele (G.).

Einige Neue syrische Land-und Süsswasserschnecken.
Nachrichtsblatt der deutschen Malakozoologischen Gesellschaft; (Janvier-Février), p. 13-15.

1901. Naegele (G.).

Einige Neuheiten aus Vorderasien.
Nachrichtsblatt der deutschen Malakozoologischen Gesellschaft; p. 16-31.
Tirés à part, même pagination.

1902. Naegele (G.).

Einige Neuheiten aus Vorderasien.

*Nachrichtsblatt der deutschen Malakozoolo-
gischen Gesellschaft;* (Janvier-Février), p. 1-9.
Tirés à part, même pagination.

1903. Naegele (G.).

Einiges aus Vorderasien.
*Nachrichtsblatt der deutschen Malakozoolo-
gischen Gesellschaft;* (Septembre-Octobre), p.
168-177.
Tirés à part, même pagination.

1906. Naegele (G.).

Einiges aus Vorderasien.
*Nachrichtsblatt der deutschen Malakozoolo-
gischen Gesellschaft;* p. 25-30.
Tirés à part, même pagination.

1910. Naegele (G.).

Einiges aus Kleinasien.
*Nachrichtsblatt der deutschen Malakozoolo-
gischen Gesellschaft;* p. 145-152.
Tirés à part, même pagination.

1804. Olivier (G. A.).

Voyage dans l'Empire Othoman, l'Egypte et la
Perse, fait par ordre du gouvernement, pendant
les six premières années de la République.
Paris, 3 vol. in-4° et Atlas gr. in-4°.
[Voyages en Syrie et en Mésopotamie; t. II,
p. 205-466; et Atlas pour servir au voyage dans
l'empire Othoman, l'Egypte et la Perse..., gr. in-4°,
2e livraison, Paris, an XII, VII p. + pl. 18 à pl.
33. — Le même ouvrage a paru, de 1801 à 1807,
avec le même Atlas, en 6 volumes in-8°. Mollusques
dans le t. III].

21

1912. Pallary (P.).

> Observations sur quelques Férussacidées de la Syrie et de l'Egypte.
> *Feuille des Jeunes naturalistes*; 42ᵉ année; p. 123-127, 8 figures dans le texte.
> Tirés à part, pagination spéciale.

1856. Pfeiffer (Dʳ L.).

> Bericht über weitere Mittheilungen des Herrn Zelebor.
> *Malakozoologische Blätter*; p. 175-186.

1871. Pfeiffer (Dʳ L.).

> Beschreibung neuer Landschnecken.
> *Malakozoologische Blätter*; p. 69-71.

1909. Pollonera (C.).

> Note Malacologiche. IV. Sui Limacidi della Siria e della Palestina.
> *Bollettino dei Musei di Zoologia ed Anatomia comparata della R. Università di Torino*; vol. XXIV, nº 608 (3 Luglio 1909), 19 p., 1 pl.

1913. Preston (H. B.).

> A Molluscan Faunal List of the Lake of Tiberias, with Descriptions of new Species.
> *Journal and Proceedings, Asiatic Society of Bengal* (New Series), IX, nº 11, (Décembre), p. 465-475, pl. XXVII.
> Tirés à part, même pagination.

1886. Radde (Dʳ G.).

> Voir Boettger (Dʳ O.), 1886 a.

1883. Retowski (O.).

> Die Molluskenfauna der Krim.

Malakozoologische Blätter; n. f., VI, p. 1-34.
Tirés à part, même pagination.

1883 a. Retowski (O.).

Am Strande der Krim gefundene, angeschwe-
mmte transcaucasische (?) Binnenconchylien.
Malakozoologische Blätter; n. f. VI, p. 53-61.
Tirés à part, même pagination.

1888. Retowski (O).

Liste der von mir auf meiner Reise von Konstan-
tinopel nach Batum gesammelten Binnenmollusken.
*Bericht über der Senckenbergische naturfors-
schende Gesellschaft in Frankfurt-am-Main*;
p. 225-266.
Tirés à part, même pagination.

1888 a. Retowski (O.).

Beiträge zur Molluskenfauna des Kaukasus.
*Bulletin de la Société impériale des Natura-
listes de Moscou*; p. 277-288.
Tirés à part, même pagination.

1893. Rolle (H.).

Diagnosen neuer Landschnecken.
*Nachrichtsblatt der deutschen Malakozoolo-
gischen Gesellschaft;* n° 3-4 (Mars-Avril); p.
33-35.
Voir : Kobelt (Dr. W.) et Rolle (H.), 1896 et
1895-1897.

1892. Rosen (Baron Otto).

Beitrag zur Kenntnis der Molluskenfauna Transkaspiens und Chorassans.
*Nachrichtsblatt der deutschen Malakozoolo-
gischen Gesellschaft;* n° 7-8 (Juillet-Août) p.
121-126.

1839. Roth (Dr. J. R.).

Molluscorum species, quas in itinere per orientem facto comites Clar. Schuberti doctores M. Erdl et J. R. Roth collegerunt.

Monachii; pet. in-4°, 27 p. 2 pl.

1855. Roth (Dr. J. R.).

Spicilegium molluscorum orientalem annis 1852 et 1853 collectorum.

Malakozoologische Blätter; II, p. 17-58, Taf. I-II.

Les tirés à part ont paru sous le titre :

Spicilegium Molluscorum terris Orientalis provinciæ mediterranensis peculiarium, ex novis inde reportatis collectionibus compilatum.

Cassellis, MDCCCLV, in-8, 41 p., 2 pl. lith.

1817. Savigny.

Mollusques, in : Description de l'Egypte ou recueil des observations et des recherches qui ont été faites en Egypte pendant l'expédition de l'armée française.

Paris, Atlas gr. in-folio, II, pl. I-XIV.

1878. Schneider (O.).

Naturwissenschaftliche Beiträge zur Kenntniss der Kaukasusländer auf Grund seiner Sammelbeute.

Dresden, gr. in-8, 160 p., 5 pl.

Kaukasische Conchylien, p. 11-34.

1896. Simroth (Dr. H.),

Vorlanfige Mittheilung eine Bearbeitung der Russichen Nacktschneckenfauna betreffend.

Annuaire du Musée zoologique de l'Académie impériale des Sciences de Saint-Pétersbourg; p. 355-368.

Tirés à part, même pagination.

1901. Simroth (Dr. H.).

Die Nacktschneckenfauna des Russischen Reiches. Saint-Pétersbourg, 1901, gr. in-8, XI + 321 p., 17 figures dans le texte, 27 planches color. + 10 cartes color.

[Ouvrage publié par l'Académie Impériale des Sciences de Saint-Pétersbourg, en dehors de ses Mémoires].

1906. Simroth (Dr. H.).

Ueber eine Reihe von Nacktschnecken, die Herr Dr. Cecconi auf Cypern und in Palaestina gesammelt hat.

Nachrichtsblatt der deutschen Malakozoologischen Gesellschaft ; n° 1 (Janvier-Mars), p. 17-24 et n° 2 (Avril-Juin), p. 84-91.

Tirés à part, même pagination.

1910. Simroth (Dr. H.).

Kaukasische und Asiatische Limaciden und Raublungenschnecken.

Annuaire du Musée zoologique de l'Académie impériale des Sciences de Saint-Pétersbourg ; XV, p. 499-560. Taf. VI-VIII.

Tirés à part, même pagination.

1912. Simroth (Dr. H.).

Uber die Bezeihungen der Kaukasisch-asiatischen Nacktschneckenfauna.

Verhandlungen des VIII Internationalen-Zoologen-Kongresses zu Graz vom 15-20 *August* 1910. Iena, 1912, p. 751-761.

Tirés à part, même pagination.

Voir : Klika (B.), 1893.

Voir : Boettger (Dr. O.), 1889 a.

1902. Sturany (Dr. R.).

Beitrag zur Kenntniss der Kleinasiatischen Molluskenfauna.
Sitzungsberichten der Kaiserl. Akademie der Wissenschaften in Wien; Math.-Natur, Classe; CXI, part. I (Mars) p. 123-140, Taf. I.
Tirés à part, même pagination.

1905. Sturany (Dr. R.).

Schalentragende Mollusken [Ergebnisse einer naturwissenschaftlichen Reise zum Erdschias-Dagh (Kleinasien). Ausgeführt von Dr. Arnold Penther und Dr. Emerich Zederbauer auf Kosten der « Gesellschaft zur Förderung der naturhistorischen Erforschung des Orients in Wien (nurmehr) » « Naturwissenschaftlicher Orientverein in Wien » im Jahre 1902].
Annalen des K. K. naturhistorischen Hofmuseums Wien; XX, p. 295-307; 10 figures dans le texte.
Tirés à part, pagination spéciale.

1865. Tristram (H. B.).

Report on the terrestrial and fluviatile Mollusca of Palestina.
Proceedings of the Zoological Society of London; p. 530-545.

1884. Tristram (H. B.).

The Survey of Western Palestine. The Fauna and Flora of Palestine.
Londres, publié par « *The Committee of the Palestine exploration fund* », in-4°, XXII + 455 p., 20 pl. lithogr.
Terrestrial and fluviatile Mollusca; p. 178-204.

1862. Villa (Ant. e Gio. Battista).

Sulle conchiglie terrestri e fluviatili raccolte dal

prof. BELLARDI nell'oriente e su quelle raccolte dal prof. ROTH in Palestina illustrate dal prof. MOUSSON. Milano, in-8, 8 p.

Cette brochure se compose de deux articles : l'un, relatif aux Coquilles recueillies par le Prof. Bellardi, a été originairement publié dans les fascicules 11 et 12 des *Nuovi Annali delle Scienze naturali di Bologna* (1855); l'autre, concernant les récoltes malacologiques du Prof. Roth en Palestine, a été présenté à la séance du 24 Novembre 1861 de la *Società Italiana di Scienze naturali*. Ce n'est qu'en 1862 que ces deux petits mémoires ont été publiés en tirés à part.

1892. WESTERLUND (C. A.).

Spicilegium Malacologicum. Neue Binnenconchylien in der paläarktischen Region. I et II.
Verhandlungen der k. k. zoologischen-botanischen Gesellschaft in Wien; XLII, p. 25-48.
Tirés à part, même pagination.

1898. WESTERLUND (C. A.).

Novum Specilegium Malacologicum.
Annuaire du Musée Zoologique de l'Académie impériale des Sciences de Saint-Pétersbourg; p. 155-183.
Tirés à part, même pagination.

1899. WESTERLUND (C. A.).

Planorbis libanicus, n. sp. [de Syrie].
Nachrichtsblatt der deutschen Malakozoologischen Gesellschaft; p. 170-171.

1901. WESTERLUND (C. A.).

Malacologische Bemerkungen und Beschreibungen.

Nachrichtsblatt der deutschen Malakozoologi-schen Gesellschaft; p. 19-26 et p. 35-47.

1899. Wohlberedt (Otto).

Molluskenfauna des Königreichs Sachsen.
Nachrichtsblatt der deutschen Malakozoologi-schen Gesellschaft; XXXI, p. 1-20, p. 33-56 et p. 97-112.

Tirés à part, paginés de 1 à 43 et de 97 à 112.

TABLE DES FIGURES DANS LE TEXTE

22

Pages.

EXPLICATION DES PLANCHES

Planche I.

Carte des régions visitées par HENRI GADEAU DE KERVILLE.

Planche II.

Fig. 1. *Agriolimax Horsti* Germain.

Région verdoyante de Damas (Syrie) [HENRI GADEAU DE KERVILLE]; × 3.

Fig. 2. *Agriolimax damascensis* Germain.

Sous les pierres, à Djéroud, au Nord-Est de Damas [HENRI GADEAU DE KERVILLE]; × 3.

Fig. 3. *Agriolimax nigroclypeata* Germain.

Sous les pierres, à Djéroud, au Nord-Est de Damas [HENRI GADEAU DE KERVILLE]; × 3¹/₂.

Fig. 4. *Agriolimax agrestopsis* Pollonera.

Gebaïl, près de Beyrouth [FR. LOUIS]; région antérieure du corps; × 3.

Fig. 5. *Agriolimax Pallaryi* Pollonera.

Gebaïl, près de Beyrouth [FR. LOUIS]; région antérieure du corps; × 2¹/₄.

Fig. 6. *Agriolimax Pallaryi* Pollonera.

Gebaïl, près de Beyrouth [Fr. LOUIS]; × 2¹/₄.

Planche III.

Fig. 1. *Agriolimax agrestopsis* Pollonera.

Ensemble de l'appareil reproducteur; × 4.

ov. oviducte.

fc. bourse copulatrice.

cd. canal déférent.

fl. flagellum.

p. pénis.

r. muscle rétracteur du pénis.

Fig. 2. *Agriolimax Pallaryi* Pollonera.

Ensemble de l'appareil reproducteur ; × 4.

ov. oviducte.

bc. bourse copulatrice.

cd. canal déférent.

fl. flagellum.

p. pénis.

r. muscle rétracteur du pénis.

Fig. 3. *Agriolimax Horsti* Germain.

Ensemble de l'appareil reproducteur ; × 4.

ov. oviducte.

cd. canal déférent.

bc. bourse copulatrice.

fl. flagellum.

p. pénis.

r. muscle rétracteur du pénis.

Fig. 4. *Agriolimax damascensis* Germain.

Ensemble de l'appareil reproducteur ; × 6.

ov. oviducte.

cd. canal déférent.

bc. bourse copulatrice.

fl. flagellum.

p. pénis.

r. muscle rédacteur du pénis.

Fig. 5. *Agriolimax Pallaryi* Pollonera.

Le flagellum, très grossi.

Fig. 6. *Gabillotia pseudodopsis* Locard.

> Lac de Homs (Syrie).
> Type de l'auteur, au Muséum d'Histoire naturelle de Paris ; grandeur naturelle.

Planche IV.

Fig. 1. *Leucochroa* (*Albea*) *candidissima* Draparnaud, variété *subcandidissima* Pollonera.

> Djerach (Palestine) [CARLO POLLONERA].
> Tours embryonnaires et premiers tours montrant la sculpture ; ✕ 15.

Fig. 2. *Leucochroa* (*Albea*) *fimbriata* (de Férussac) Bourguignat.

> Désert de Judée [A. VIGNAL].
> Tours embryonnaires et premiers tours montrant la sculpture ; ✕ 30.

Fig. 3. *Helix* (*Euparypha*) *Seetzeni* Koch, variété *anti-libanica* Pollonera.

> Souk-Ouadi Barada (Anti-Liban) [CARLO POLLONERA].
> Tours embryonnaires et premiers tours montrant la sculpture ; ✕ 30.

Fig. 4. *Leucochroa* (*Albea*) *candidissima* Draparnaud, variété *subfimbriata* Pollonera.

> Environ de Jérusalem [CARLO POLLONERA].
> Tours embryonnaires et premiers tours montrant la sculpture ; ✕ 30.

Planche V.

Fig. 1-3. *Hyalinia* (*Polita*) *nitelina* Bourguignat.

> Amchit (Liban) [Frère LOUIS]. Grandeur naturelle.

Fig. 4-5-6. *Leucochroa (Albea) candidissima* Draparnaud, variété *hierochuntina* Boissier.

Environs de Jérusalem [POLLONERA]; grandeur naturelle.

Fig. 7-8-9. *Vitrina libanica* Pallary.

Aramoun, dans le Liban [Frère LOUIS]; grandeur naturelle. Type de l'auteur.

Fig. 10-12. *Hyalinia (Polita) syriaca* Kobelt.

Rochers maritimes, près de l'embouchure de la rivière du Chien, aux environs de Beyrouth [HENRI GADEAU DE KERVILLE]; grandeur naturelle.

Fig. 13-16. *Leucochroa (Albea) candidissima* Draparnaud, variété *tholiformis* Pellonera.

Djerasch (Palestine) [POLLONERA]; grandeur naturelle. Cotype de l'auteur.

Fig. 17. *Helix (Xerophila) simulata* de Férussac.

Environs d'Alexandrie de Syrie [OLIVIER]; type de DE FÉRUSSAC, au Muséum d'Histoire naturelle de Paris.

Tours embryonnaires et premiers tours, pour montrer la sculpture; $\times$ 20.

Fig. 18. *Leucochroa (Albea) condidissima* Draparnaud, variété *hierochuntina* Boissier.

Tours embryonnaires et premiers tours montrant la sculpture; $\times$ 30.

Planche VI.

Fig. 1 à 8 et fig. 10. *Leucochroa (Albea) candidissima* Draparnaud.

Pentes arides du Djebel Kasioum, dans l'Anti-

Liban, près de Damas ; 700-900 mètres d'altitude. [HENRI GADEAU DE KERVILLE].

Série de jeunes, pour montrer le développement de la coquille ; × 3.

Fig. 9 et 11. *Leucochroa (Albea) candidissima* Draparnaud.

Pentes arides du Djebel Kasioum, dans l'Anti-Liban, près de Damas, entre 700 et 900 mètres d'altitude [HENRI GADEAU DE KERVILLE].
Jeunes individus en grandeur naturelle.

Fig. 12. *Leucochroa (Albea) candidissima* Draparnaud.

Pentes arides du Djebel Kasioum, dans l'Anti-Liban, près de Damas, entre 700 et 900 mètres d'altitude [HENRI GADEAU DE KERVILLE].
Exemplaire adulte en grandeur naturelle.

Fig. 13-14. *Leucochroa (Albea) candidissima* Draparnaud, variété *subcandidissima* Pollonera.

Environs de Jérusalem [POLLONERA] ; grandeur naturelle.
Cotype de l'auteur.

Fig. 15-16 *Leucochroa (Albea) fimbriata* (de Férussac) Bourguignat, variété.

Beilan, près de Jérusalem ; grandeur naturelle.
Exemplaire rappelant, par ses caractères sculpturaux, le *Leucochroa (Albea) candidissima* Draparnaud.

Fig. 17-18. *Leucochroa (Albea) fimbriata* (de Férussac) Bourguignat.

La Perse (Collect. RICHARD) ; type de DE FÉRUSSAC ; Collection du Muséum d'Histoire naturelle de Paris ; grandeur naturelle.

23

Fig. I9 à 21. *Leucochroa (Albea) fimbriata* (de Férussac) Bourguignat.

Désert de Judée (Syrie) [L. VIGNAL]; grandeur naturelle.

Fig. 22 à 25. *Leucochroa (Sphincterochila) Boissieri* de Charpentier, Jérusalem [POLLONERA].

Série d'exemplaires montrant les variations dans la hauteur relative de la spire.

Planche VII.

Fig. 1 à 8. *Leucochroa (Albea) cariosa* Olivier.

Environs de Beyrouth; grandeur naturelle.
Série d'exemplaires montrant les variations dans la hauteur relative de la spire.

Fig. 9-10. *Leucochroa (Albea) prophetarum* Bourguignat.

Bords de la mer Morte.
Cotypes de l'auteur; grandeur naturelle.

Fig. 11-12. *Leucochroa (Albea) cariosa* Olivier.

Environs de Naplouse; grandeur naturelle.

Fig. I3-14. *Helix (Euparypha) Seetzeni* Koch, variété *antilibanica* Pollonera.

Vallée de la Calesyrie, entre le Liban et l'Anti-Liban [POLLONERA]; grandeur naturelle.
Cotypes de l'auteur.

Fig. 15-17. *Helix (Euparypha) Seetzeni* Koch, variété *ereminoides* Pollonera.

Environs de Jérusalem [POLLONERA]; grandeur naturelle.
Cotypes de l'auteur.

Fig. 18. *Helix (Helicogena) tripolitana* Bourguignat.

Tripoli de Syrie; grandeur naturelle.

Fig. 19. *Helix (Helicogena) pericalla* Bourguignat.

Syrie ; grandeur naturelle.

Planche VIII.

Fig. 1 à 13. *Helix (Theba) Olivieri* de Férussac.

Région verdoyante de Damas [HENRI GADEAU DE KERVILLE].

Série d'exemplaires montrant le polymorphisme de la spire et de l'ouverture.

Fig. 14 à 16. *Helix (Theba) Olivieri* de Férussac.

Syrie, sans localité précise ; grandeur naturelle.

Type de l'auteur, au Muséum d'Histoire naturelle de Paris.

Fig. 17. *Helix (Metafruticicola) berytensis* de Férussac.

Rochers maritimes près de l'embouchure de la rivière du Chien, aux environs de Beyrouth [HENRI GADEAU DE KERVILLE] ; grandeur naturelle.

Fig. 18 à 20. *Helix (Theba) obstructa* de Férussac.

Le Liban, sans localité précise ; collection du Muséum d'Histoire naturelle de Paris ; légèrement grossi.

Fig. 21 à 25 *Helix (Xerophila) simulata* de Férussac.

La Perse ; grandeur naturelle.

Exemplaires types de la collection de DE FÉRUSSAC, au Muséum d'Histoire naturelle de Paris.

Fig. 26. *Helix (Helicogena) cavata* Parreyss, variété *minor* Pollonera.

Jérusalem [POLLONERA].

Cotype de l'auteur.

Fig. 27. *Buliminus (Zebrinus) fasciolatus* Olivier, mutation *obesa* Germain.

> Route d'Ain Tab à Alexandrie (Syrie); grandeur
> naturelle.

Fig. 28. *Helix (Helicogena) Schlaeflii* Mousson.

> Beyrouth (Syrie); grandeur naturelle.

Fig. 29. *Helix (Helicogena) cincta* Müller, variété.

> Environs de Beyrouth (Syrie); grandeur natu-
> relle.

Planche IX.

Fig. 1 à 11. *Helix (Euparypha) Seetzeni* Koch.

> Pentes arides du Djebel Kasioum, dans l'Anti-
> Libàn près de Damas, entre 700 et 900 mètres
> d'altitude [HENRI GADEAU DE KERVILLE]; exem-
> plaires jeunes $\times$ 3.

Fig. 12 à 14. *Helix (Metafruticicola) berytensis* de Férussac.

> Syrie, sans indication précise de la localité;
> grandeur naturelle.
> Type de l'auteur; Collections du Muséum d'His-
> toire naturelle de Paris.

Fig. 15-16-17. *Helix (Theba) syriaca* Ehrenberg.

> Syrie; sans indication précise de la localité;
> grandeur naturelle.
> Collections du Muséum d'Histoire naturelle de
> Paris.

Fig. 18-19. *Helix (Euparypha) Seetzeni* Koch.

> Syrie; exemplaires en grandeur naturelle, mon-
> trant l'épiphragme.

Fig. 20 à 22. *Helix (Levantina) cæsareana.*

> Variété *depressa* Pallary.
> Amchit, dans le Liban, vers 120 mètres d'alti-
> tude [Fr. LOUIS]; grandeur naturelle.

Fig. 23. *Clausilia* (*Cristataria*) *calopleura* Letourneux.

Le Liban (Syrie) [LETOURNEUX] × 2.

Planche X.

Fig. 1-3. *Helix* (*Euparypha*) *Seetzeni* Koch, variété *antilibanica* Pollonera, mutation *subdepressa* Pollonera.

Souk-Ouadi-Barada, dans l'Anti-Liban [POLLO-NERA]; grandeur naturelle.
Cotypes de l'auteur.

Fig. 4-5-6. *Helix* (*Euparypha*) *Seetzeni* Koch, variété *iberoides* Pollonera.

Environs de Jérusalem (POLLONERA); grandeur naturelle.
Cotypes de l'auteur.

Fig. 7-8-9. *Helix* (*Euparypha*) *Seetzeni* Koch, variété *antilibanica* Pollonera.

Souk-Ouadi-Barada, dans l'Anti-Liban [POL-LONERA].
Cotypes de l'auteur.

Fig. 10-11-12. *Helix* (*Xerophila*) *vestalis* Parreyss.

Angora (Asie-Mineure); grandeur naturelle.

Fig. 13 à 16. *Helix* (*Euparypha*) *Seetzeni* Koch.

Jéricho; grandeur naturelle.
Série d'exemplaires montrant la variation de la hauteur de la spire depuis la forme *depressa* (fig. 13) jusqu'à la forme *alta* (fig. 16).

Fig. 17-18 et 21. *Helix* (*Xerophila*) *vestalis* Parreyss.

Angora (Asie-Mineure); grandeur naturelle.

Fig. 19-20. *Helix* (*Xerophila*) *vestalis* Parreyss.

Saïda (Syrie); grandeur naturelle.

Fig. 22 à 24. *Helix (Euparypha) Seetzeni* Koch, variété *fasciata* Mousson.

Entre Samarie et Djenin (Syrie), grandeur naturelle.

Planche XI.

Fig. 1. *Helix (Helicogena) engaddensis* Bourguignat, variété.

Haifa (Palestine); grandeur naturelle.

Fig. 2 *Buliminus (Petrœus) labrosus* Olivier, variété *Kervillei* Germain.

Bords de la rivière du Chien, aux environs de Beyrouth [HENRI GADEAU DE KERVILLE]; grandeur naturelle.

Fig. 3. *Helix (Helicogena) figulina* Parreyss.

Nssar, district de Jaffa; grandeur naturelle. Exemplaire albinos, à test pesant.

Fig. 4 à 6. *Helix (Xerophila) joppensis* Roth.

Smyrne (Asie-Mineure); grandeur naturelle.

Fig. 7-10 et 11. *Helix (Xerophila) foveolata* Westerlund, variété *amorrhea* Pollonera.

Le Liban [POLLONERA]; grandeur naturelle. Cotypes de l'auteur.

Fig. 8-9. *Helix (Xerophila) vestalis* Parreyss.

Saïda (Syrie); grandeur naturelle.

Fig. 12. *Helix (Helicogena) xerechia* Bourguignat.

Environs de Beyrouth. Cotype de l'auteur; grandeur naturelle.

Fig. 13. *Helix (Helicogena) pachya* Bourguignat, variété *incrassata* Pallary.

Dans les sables aux environs de Beyrouth [P. CLAINPANAIN] ; grandeur naturelle.

Fig. 14. *Helix* (*Helicogena*) *pachya* Bourguignat, variété *incrassata* Pallary, mutation *albinos*.

Beilan, près Alexandrette ; grandeur naturelle.

Fig. 15. *Helix* (*Helicogena*) *nilotica* Bourguignat.

Le Taurus, sans indication précise de localité ; Collection A. LOCARD, au Muséum d'Histoire naturelle de Paris ; grandeur naturelle.

Planche XII.

Fig. 1-2-3. *Helix* (*Xerophila*) *canina* Ancey.

Bords de la rivière du Chien, aux environs de Beyrouth ; $\times$ 2 $^1/_2$.

Fig. 4-5-6. *Helix* (*Xerophila*) *joppensis* Roth, variété *subkrynickii* Mousson.

Tarsous (Syrie) ; grandeur naturelle.

Fig. 7-8-9. *Helix* (*Xerophila*) *simulata* de Férussac.

Environs d'Alexandrie de Syrie [OLIVIER] ; type de DE FÉRUSSAC, au Muséum d'Histoire naturelle de Paris ; grandeur naturelle.
Voir aussi Planche V, fig. 17.

Fig. 10 à 12. *Helix* (*Xerophila*) *candiota* Frivaldsky, variété *subcandiota* Germain.

Bords du lac de Homs, à environ 490 mètres d'altitude [HENRI GADEAU DE KERVILLE] ; $\times$ 4.

Fig. 13-14-15. *Helix* (*Xerophila*) *vestalis* Parreyss.

Callonia, près de Jérusalem ; grandeur naturelle.

Fig. 16. *Helix* (*Helicogena*) *taurica* Krynicki.

La Crimée, sans indication précise de localité.

Collection A. Locard, au Muséum d'Histoire naturelle de Paris ; grandeur naturelle.

Fig. 17 à 19. *Helix (Xerophila) foveolata* Westerlund.

Environs de Jérusalem [Pollonera] ; grandeur naturelle.

Fig. 20 à 22. *Helix (Levantina) rahmlensis* Rolle.

Jaffa ; grandeur naturelle.
Cotype de l'auteur.

Planche XIII.

Fig. 1 à 5. *Buliminus (Patraeus) halepensis* Pfeiffer.

Montagne à Baalbeck, dans l'Anti-Liban, entre 1100 et 1300 mètres [Henri Gadeau de Kerville].
Série de jeunes, pour montrer le développement ; ×3.

Fig. 6. *Buliminus (Petraeus) halepensis* Pfeiffer.

Montagne à Baalbeck, dans l'Anti-Liban, entre 1100 et 1300 mètres [Henri Gadeau de Kerville].
Jeune individu, grandeur naturelle.

Fig. 7. *Buliminus (Petraeus) halepensis* Pfeiffer.

Montagne à Baalbeck, dans l'Anti-Liban, entre 1100 et 1300 mètres. [Henri Gadeau de Kerville].
Individu adulte, en grandeur naturelle.

Fig. 8 à 14. *Buliminus (Petraeus) syriacus* Pfeiffer.

Montagne à Berzé près de Damas, dans l'Anti-Liban, entre 700 et 800 mètres d'altitude [Henri Gadeau de Kerville].
Série de jeunes pour montrer le développement ; × 2 1/2.

Fig. 15 à 24. *Buliminus (Petraeus) sidoniensis* de Férussac.

Montagnes à Doummar.
[HENRI GADEAU DE KERVILLE].
Série de jeunes, pour montrer le développe-
ment ; $\times$ 2 $^1/_2$.

Planche XIV.

Fig. 1-2. *Buliminus (Ena) Louisi* Pallary.

Entre Bilhas et Karteba [Fr. Louis] ; $\times$ 3. Type
de l'auteur.

Fig. 3-4. *Buliminus (Zebrinus) eburneus* Pfeiffer.

Tarsoum ; grandeur naturelle.
Collections du Muséum d'Histoire naturelle de
Paris.

Fig. 3. *Clausilia (Cristataria) Raymondi* Bourguignat :

Vallée de Nahr-el-Kelb (rivière du Chien), à
7 kilomètres de l'embouchure ; $\times$ 2.

Fig. 6-7. *Buliminus (Petraeus) carneus* Pfeiffer, variété
reconditus Pollonera.

Environs de Jérusalem [POLLONERA] ; $\times$ 2.
Cotype de l'auteur.

Fig. 8 à 11. *Clausilia (Cristataria) Boissieri* de Charpentier.

Rochers près de l'embouchure de la rivière du
Chien, aux environs de Beyrouth [H. GADEAU DE
KERVILLE].
Echantillons anomaux ; $\times$ 2.

Fig. 12-13. *Buliminus (Petraeus) Fourousi* Bourguignat.

Broumana, dans le Liban, vers 750 mètres d'al-
titude.
Collections du Muséum d'Histoire naturelle de
Paris ; $\times$ 2.

24

Fig. 14-15. *Cæcilioides Kervillei* Germain.

Sous les Tamaris, à Béit-Meri (Liban). [Frère Louis]; ✕ 10.

Fig. 16-17. *Calaxis Saulcyi* Bourguignat.

Route de Beyrouth à Saïda [Père Clainpanain]; ✕ 5.

Planche XV.

Fig. 1. *Clausilia (Cristataria) Staudingeri* Boettger, variété *maxima*.

Ghazir, dans le Liban [Naegele]; grandeur naturelle.

Fig. 2-3. *Clausilia (Cristataria) Staudingeri* Boettger.

Vallée du Nahr-Fédar; grandeur naturelle.

Fig. 4. *Clausilia (Bitorquata) cedretorum* Bourguignat.

Bords du Nahr-el-Kelb, près de Beyrouth [Letourneux]; grandeur naturelle.

Fig. 5-6. *Clausilia (Abinaria) filumna* Parreyss, variété *tanourinnensis* Pallary.

Tanourinne (Liban) dans la forêt de Cèdres [Frère Louis]; ✕ 1 ³/₄.
Cotypes de l'auteur.

Fig. 7-8. *Clausilia (Cristataria) Staudingeri* Boettger, variété *minor*.

Nahr Ibrahim; ✕ 1 ¹/₃.

Fig. 9-10. *Clausilia (Euxina) mæsta* Parreyss.
Jaffa (Syrie); ✕ 1 ¹/₂·

Fig. 11-12. *Cyclostoma (Ericia) Olivieri* Sowerby.

Béit-Méri (Liban); grandeur naturelle.

Fig. 13-14. *Clausilia (Cristataria) Germaini* Pallary.

Entre Bilhas et Karteba [Frère Louis]; × 2.
Cotypes de l'auteur.

Fig. 15-16 *Clausilia (Cristataria) fauciata* Parreyss.
Amchit, dans le Liban [H. Gadeau de Kerville];
× 2.

Fig. 17. *Clausilia (Euxina) denticulata* Olivier
Gemelek; × 2.
Exemplaire d'Olivier; Collections du Muséum
d'Histoire naturelle de Paris.

Fig. 18-19. *Chondrula (Chondrula) septemdentata* Roth,
variété *borealis* Mousson.
Mersina (Syrie); × 6.

Fig. 20-21. *Chondrula (Chondrula) libanica* Naegele.
Hannmana, dans le Liban [Naegele]; × 6.
Cotype de l'auteur.

Planche **XVI**.

Fig. 1 à 8. *Cyclostoma (Ericia) Olivieri* Sowerby.
Béit-Méri (Liban), entre 600 et 800 mètres d'altitude [H. Gadeau de Kerville].
Série de jeunes pour montrer le développement
de la coquille; × 2 ¹/₄.

Fig. 9-10. *Bullinus (Isidora) asiaticus* Germain.
Syrie, sans indication précise de localité; × 4.

Fig. 11-12. *Physa (Physa) syriaca* Germain.
Marette au bord du Barada, à Hidachariyé, dans
la région verdoyante de Damas, entre 650 et
700 mètres d'altitude [Henri Gadeau de Ker-
ville]; × 4.

Fig. 13 à 15. *Ancylus (Ancylus) libanicus* Naegele.
Dans le Barada, rivière de la région verdoyante

de Damas, entre 650 et 700 mètres d'altitude
[H. GADEAU DE KERVILLE] ; ✕ 4.

Fig. 16 à 18. *Planorbis (Tropidiscus) umbilicatus* Müller.

Dans le Barada, rivière de la région verdoyante
de Damas, entre 650 et 700 mètres d'altitude
[H. GADEAU DE KERVILLE] ; grandeur naturelle.

Fig. 19. *Planorbis (Tropidiscus) umbilicatus* Müller.

Marécages à Damas, vers 690 mètres d'altitude
[H. GADEAU DE KERVILLE] ; grandeur naturelle.

Fig. 20-21. *Planorbis (Tropidiscus) antiochianus*
Locard.

Lac d'Antioche.
Type de l'auteur, Collection A. LOCARD, au Muséum
d'Histoire naturelle de Paris ; grandeur naturelle.

Fig. 22 à 25. *Physa (Physa) syriaca* Germain.

Environs de Beyrouth (Syrie) [Père CLAINPA-
NAIN] ; ✕ 3.

Planche XVII.

Fig. 1. *Planorbis (Tropidiscus) antiochianus* Locard.

Lac d'Antioche.
Type de l'auteur ; Collection A. LOCARD, au Muséum
d'Histoire naturelle de Paris ; grandeur naturelle.
Voir aussi : Planche XVI, fig. 20-21.

Fig. 2 à 5. *Limnaea (Radix) lagotis* Schrank.

Lac d'Homs (Syrie) [LORTET].
Spécimen de petite taille ; Collection A. LOCARD,
au Muséum d'Histoire naturelle de Paris ;
grandeur naturelle.

— 189 —

Fig. 6-7. *Planorbis (Tropidiscus) umbilicatus* Müller.

Dans le Barada, rivière de la région verdoyante
de Damas, entre 650 et 700 mètres d'altitude
[H. Gadeau de Kerville] ; grandeur naturelle.

Fig. 8 à 13. *Limnaea (Stagnicola) palustris* Müller,
variété *syriaca* Mousson.

Marécages à Damas, vers 690 mètres d'altitude
[H. Gadeau de Kerville] ; grandeur naturelle.

Fig. 14 à 16. *Planorbis (Gyraulus) piscinarum* Bourguignat.

Saïda ; × 5.

Fig. 17-18. *Limnaea (Radix) lagotopsis* Locard.

Asie-Mineure, sans indication précise de localité.
Cotypes de l'auteur ; Collection A. Locard, au
Muséum d'Histoire naturelle de Paris ; gran-
deur naturelle.

Fig. 19-20. *Limnaea (Radix) lagotis* Schrank.

Mare d'Addous, près de Baalbeck, vers 1,100 mètres d'altitude [Henri Gadeau de Kerville].
Exemplaires jeunes ; × 4.

Fig. 21 à 28. *Limnaea (Stagnicola) palustris* Müller.

Mare d'Addous, près de Baalbeck, vers 1,100 mètres d'altitude [Henri Gadeau de Kerville].
Série d'exemplaires adultes montrant la variation
de la spire ; grandeur naturelle.

Planche XVIII.

Fig. 1-2. *Limnaea (Limnus) omsiana* Locard.

Lac de Homs [Lortet].
Cotypes de l'auteur en grandeur naturelle ; Collection A. Locard, au Muséum d'Histoire naturelle
de Paris.

Fig. 3-5. *Limnaea (Galba) truncatula* Müller.

> Ruisseau à Koutaïfé, au nord-est de Damas [HENRI GADEAU DE KERVILLE].
>
> Exemplaires adultes, montrant la variation de la spire; $\times$ 4.

Fig. 6 à 9. *Limnaea (Radix) lagotis* Schrank, variété *hidachariyensis* Germain.

> Marette à Hidachariyé (Syrie) [HENRI GADEAU DE KERVILLE]; grandeur naturelle.

Fig. 10. *Limnaea (Radix) lagotis* Schrank.

> Lac de Yamouni (Syrie) [HENRI GADEAU DE KERVILLE].
>
> Specimen à sculpture très développée; grandeur naturelle.

Fig. 11. *Limnaea (Radix) lagotis* Schrank.

> Lac de Yamouni (Syrie) [HENRI GADEAU DE KERVILLE].
>
> Premiers tours très grossis pour montrer la sculpture; $\times$ 10.

Fig. 12-13 *Melania (Melanoïdes) tuberculata* Müller.

> Lac de Tibériade; grandeur naturelle.

Fig. 14 à 17. *Limnaea (Limnus) Chantrei* Locard.

> Lac d'Homs [CHANTRE].
>
> Cotypes de l'auteur; Collection A. LOCARD, au Muséum d'Histoire naturelle de Paris; grandeur naturelle.

Planche XIX.

Fig. 1 à 4, 7 à 11, 16 et 18 à 20. *Melanopsis praemorsa* Linné.

Mare d'Addous, près de Baalbeck, vers 1,100 mètres d'altitude [Henri Gadeau de Kerville].
Série de jeunes pour montrer le développement de la coquille ; × 3.

Fig. 5 - 6. *Theodoxia Jordani* Sowerby, variété *major* Pollonera.

Lac de Mzerib (Syrie) ; grandeur naturelle.

Fig. 12 à 15 et fig. 17. *Melanopis praemorsa* Linné.

Ruisseau à Kousséir, dans la région verdoyante de Damas [Henri Gadeau de Kerville].
Série de jeunes pour montrer le développement de la coquille ; × 5.

Planche XX.

Fig. 1 à 4. *Melanopsis praemorsa* Linné.

Lac de Homs [Henri Gadeau de Kerville].
Série d'exemplaires adultes, en grandeur naturelle, pour montrer la variation de la spire.

Fig. 5 - 6. *Melanopsis costata* Olivier.

Lac de Tibériade ; grandeur naturelle.

Fig. 7 - 8. *Melanopsis Bovieri* Pallary.

Le Nahr ez Zaïr (Liban) [P. Bovier Lapierre].
Cotypes de l'auteur, grandeur naturelle.

Fig. 9 - 10. *Melanopsis costata* Olivier, variété *luteopsis* Germain.

Lac de Homs [Henri Gadeau de Kerville] ; grandeur naturelle.

Fig. 11 à 19. *Melanopsis praemorsa* Linné.

Ruisseau à Kousséir, entre 650 et 700 mètres d'altitude [Henri Gadeau de Kerville].
Série de spécimens adultes montrant la variation

progressive de la sculpture, depuis les formes lisses (fig. 11-12.) jusqu'aux formes costulées (fig. 18-19.) ; × 2 ½.
(Voir aussi : Planche XXI, fig. 3).

Planche **XXI**.

Fig. 1 à 8. *Valvata (Cincinna) Saulcyi* Bourguignat.

Mare d'Addous, près de Baalbeck, vers 1,100 mètres d'altitude [HENRI GADEAU DE KERVILLE].
Série de spécimens adultes montrant le polymorphisme de la spire ; × 6.

Fig. 9 à 11. *Valvata (Cincinna) Saulcyi* Bourguignat.

Koutaïfé (Syrie) [HENRI GADEAU DE KERVILLE] ; × 6.

Fig. 12-13. *Limnaea (Radix) lagotis* Schrank.

Mare d'Addous, près de Baalbeck, vers 1,100 mètres d'altitude [HENRI GADEAU DE KERVILLE].
Exemplaire anomal ; grandeur naturelle.

Fig. 14 à 16. *Valvata (Cincinna) Gaillardoti* Germain.

Saïda (Syrie) ; × 10.

Fig. 18-19. *Bythinia (Elona) hawaderiana* Bourguignat.

Saïda (Syrie) ; × 6.

Fig. 20 à 24. *Bythinia (Elona) sidoniensis* Mousson.

Mare d'Addous, près de Baalbeck, vers 1,100 mètres d'altitude [HENRI GADEAU DE KERVILLE].
Série d'exemplaires adultes montrant le polymorphisme de la spire ; × 5.

Fig. 17 et 25-26. *Pisidium (Fossarina) cedrorum* Clessin.

Bords des mares près du Barada (rivière de la région verdoyante de Damas) à Hidachariyé, entre 650 et 700 mètres d'altitude [HENRI GADEAU DE KERVILLE] ; × 5.

Fig. 27. *Limnaea (Limnus) lagodeschina* Locard.

> Lac d'Homs (CHANTRE).
>
> Cotype de l'auteur, Collection A. LOCARD, au Muséum d'Histoire naturelle de Paris; grandeur naturelle.

Fig. 28. *Succinea (Amphibina) Kervillei* Germain.

> Bords des marécages, à Damas [HENRI GADEAU DE KERVILLE]; $\times 4$.

Fig. 29-30. *Pupa (Torquilla) rhodia* Roth.

> Béit-Méri (Liban) [HENRI GADEAU DE KERVILLE]; $\times 8$.

Fig. 31. *Melanopsis praemorsa* Linné.

> Ruisseau à Kousséir, entre 650 et 700 métres d'altitude [HENRI GADEAU DE KERVILLE].
>
> Spécimen adulte grossi pour montrer la sculpture; $\times 2\ ^1/_4$.
>
> (Voir aussi : Planche XX, fig. 11 à 19.

Planche XXII.

Fig. 1 et 5. *Leguminaia (Leguminaia) mardinensis* Lea.

> Lac de Homs; grandeur naturelle.

Fig. 2. *Unio (Rhombunio) simonis* Tristam.

> Lac de Homs; Collection A. LOCARD, au Muséum d'Histoire naturelle de Paris; grandeur naturelle.

Fig. 3. *Unio (Rhombunio) simonis* Tristam.

> Lac d'Antioche; Collection A. LOCARD, au Muséum d'Histoire naturelle de Paris; grandeur naturelle.

Fig. 4. *Unio (Rhombunio) emesaensis* Lea.

> Lac d'Antioche; grandeur naturelle.

25

Planche XXIII.

Fig. 1. *Unio (Limnium) Lorteti* Locard.

> Lac d'Antioche [E. CHANTRE]. Cotype de l'auteur, au Muséum d'Histoire naturelle de Paris; grandeur naturelle.

Fig. 2. *Unio (Limnium) jordanicus* Bourguignat.

> Lac de Tibériade; Collection A. LOCARD, au Muséum d'Histoire naturelle de Paris; grandeur naturelle.

Fig. 3. *Unio (Limnium) axiacus* Letourneux.

> Lac d'Antioche; Collection A. LOCARD, au Muséum d'Histoire naturelle de Paris; grandeur naturelle.

Fig. 4. *Unio (Limnium) antiochianus* Locard.

> Lac d'Antioche; cotype de l'auteur, au Muséum d'Histoire naturelle de Paris; grandeur naturelle.

Fig. 5. *Unio (Limnium) prosacrus* Bourguignat.

> Lac de Tibériade; Collection A. LOCARD, au Muséum d'Histoire naturelle de Paris; grandeur naturelle.

Fig. 6. *Unio (Limnium) Chantrei* Locard.

> Lac d'Antioche [E. CHANTRE]; cotype de l'auteur, au Muséum d'Histoire naturelle de Paris; grandeur naturelle.

Fig. 7. *Leguminaia (Leguminaia) mardinensis* Lea.

> Lac de Homs [HENRI GADEAU DE KERVILLE]; grandeur naturelle.

ERRATA

Tome I.

Page 93, renvoi 2, dernière ligne, au lieu de :
  (*Helix protensa*), lire :
  (*Helix protea*).

Page 96, ligne 1, au lieu de :
  Hyalina (*Euhyalina*) *camelina* Martens, lire :
  Hyalina (*Euhyalina*) *nitelina* Martens.

Page 286, ligne 3, au lieu de :
  Bulimus, lire :
  Buliminus.

Jusqu'à la page 324, lire partout :
  TRISTRAM, au lieu de : TRISTAM.

Page 305, ligne 13, au lieu de :
  Variété *eximia* Rossmässler, lire :
  Variété *eximius* Rossmässler.

Page 424, ligne 5, au lieu de :
  Gyralus, lire :
  Gyraulus.

Page 472, renvoi 3, au lieu de :
  Murax, lire :
  Murex.

INDEX ALPHABÉTIQUE [1]

---

1. Les noms d'espèces adoptés sont en *italiques ;* les synonymes en caractères ordinaires. Les noms de genres ou de sous-genres adoptés sont en **égyptiennes ;** les synonymes en *GRANDES CAPITALES italiques.* Les noms de pays sont en PETITES CAPITALES ; les noms d'auteur en *PETITES CAPITALES italiques.* Les chiffres romains 1 et II renvoient respectivement aux tomes I et II de cet ouvrage ; les chiffres arabes ordinaires aux pages où les espèces sont citées [1, 428]; les chiffres arabes en **caractères gras** [II, **101**] aux pages où les espèces sont étudiées en détail.

31

TABLE DES MATIÈRES

ROUEN

IMPRIMERIE LECERF FILS

1922

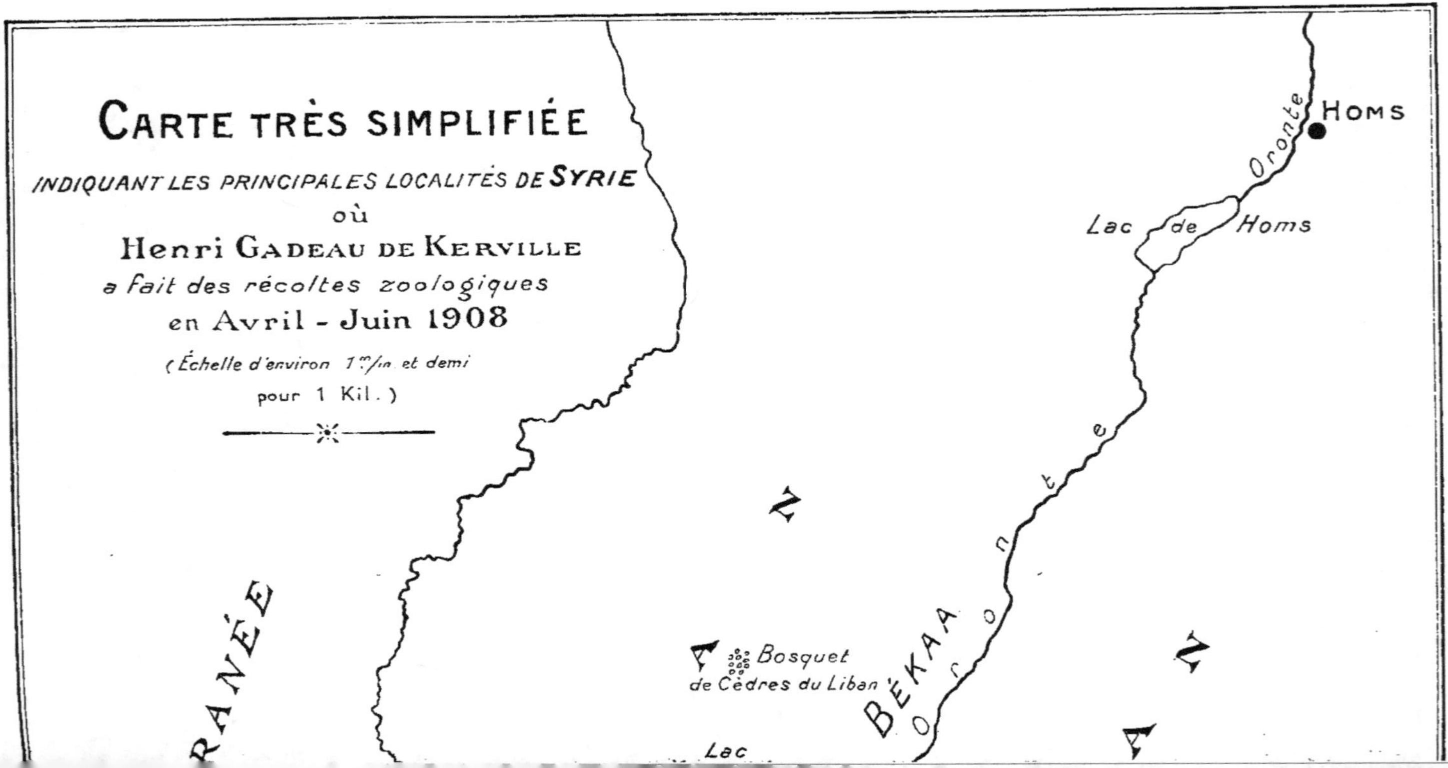

CARTE TRÈS SIMPLIFIÉE
INDIQUANT LES PRINCIPALES LOCALITÉS DE SYRIE
où
Henri GADEAU DE KERVILLE
a fait des récoltes zoologiques
en Avril - Juin 1908
(Échelle d'environ 1 m/m et demi
pour 1 Kil.)
Homs
Oronte
Lac de Homs
Oronte
N
Bosquet
de Cèdres du Liban
BÉKAA
N
RANÉE
Lac

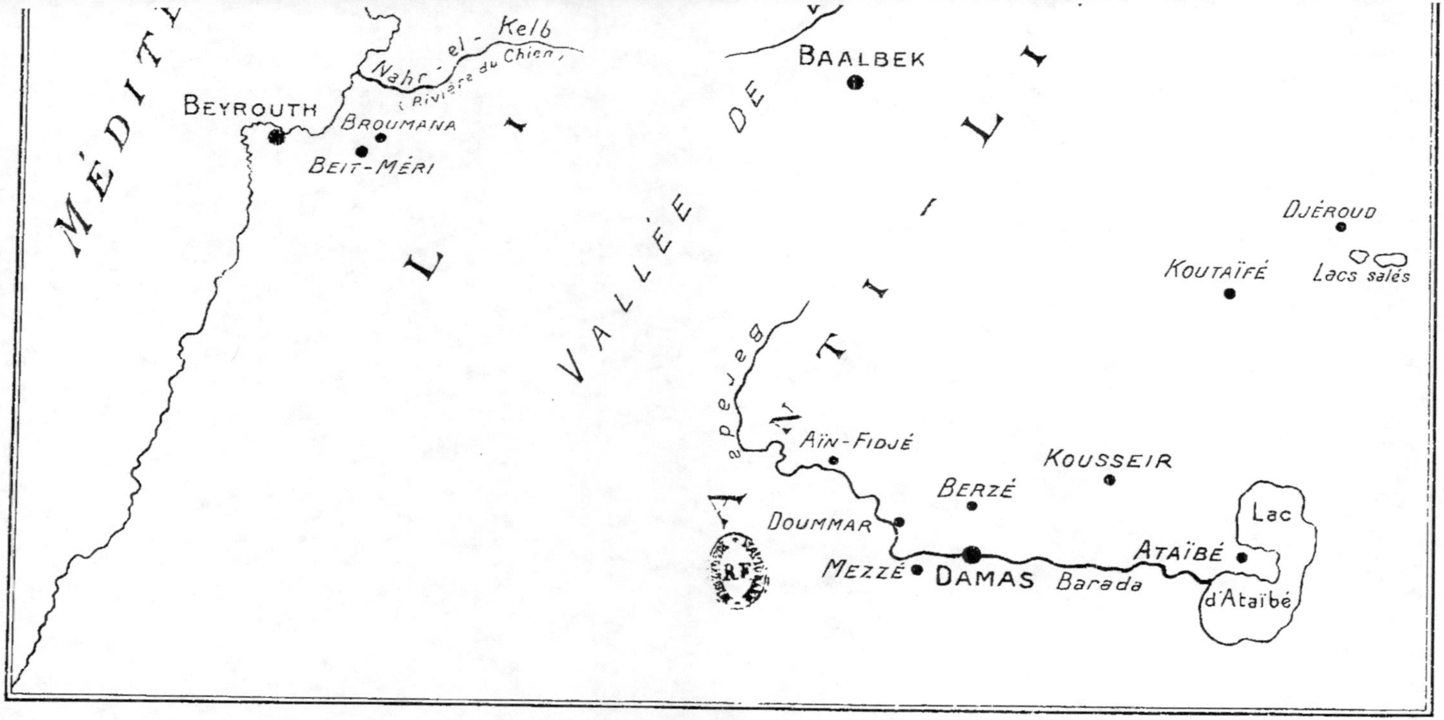

MÉDITE
LIBAN
VALLÉE DE
ANTI-LIBAN
Nahr - el - Kelb
(Rivière du Chien)
BEYROUTH
BROUMANA
BEIT-MÉRI
BAALBEK
DJÉROUD
KOUTAÏFÉ
Lacs salés
Barada
Aïn-Fidjé
KOUSSEIR
BERZÉ
DOUMMAR
MEZZÉ
DAMAS
Barada
ATAÏBÉ
Lac
d'Ataïbé
N
R F

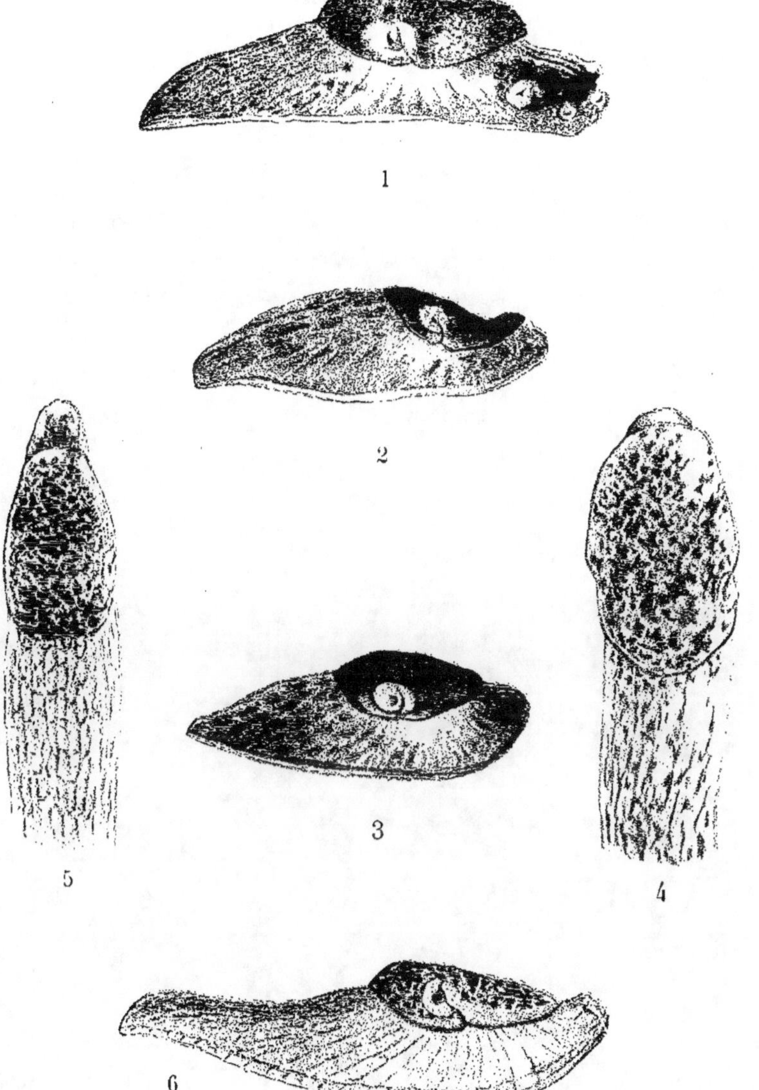

MOLLUSQUES DE SYRIE

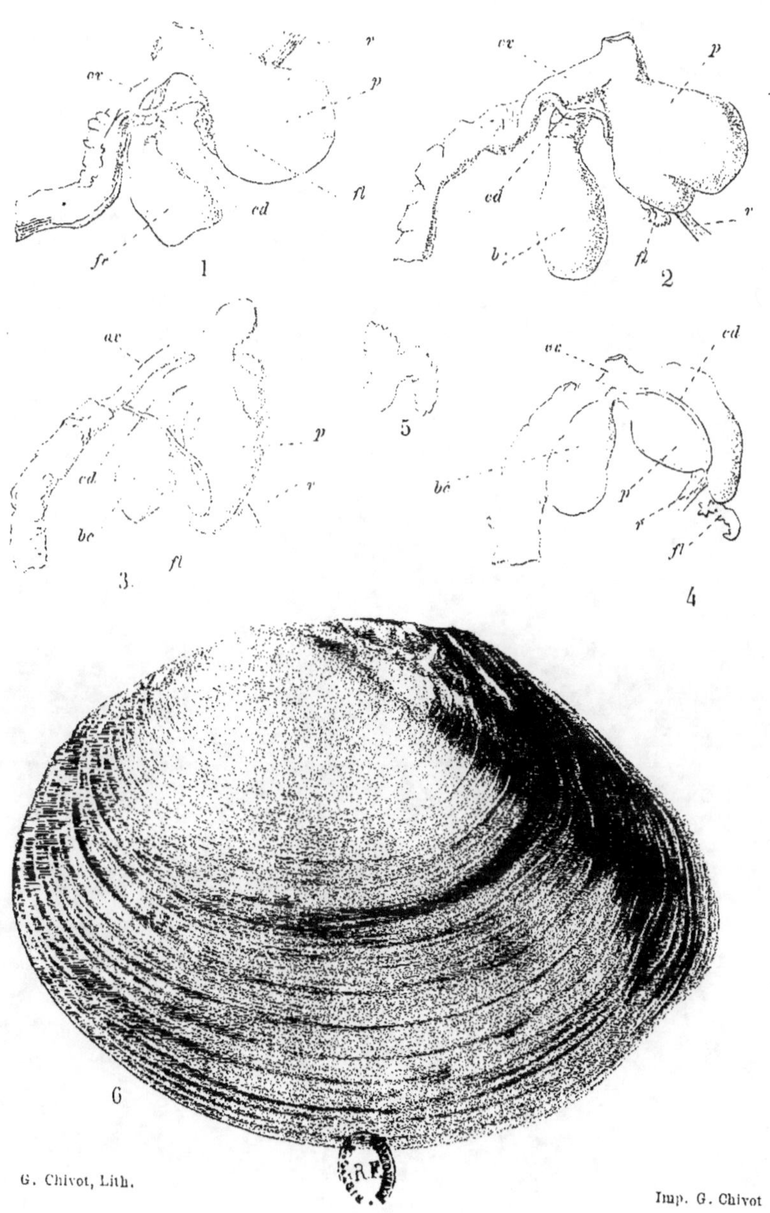

G. Chivot, Lith.

Imp. G. Chivot

MOLLUSQUES DE SYRIE

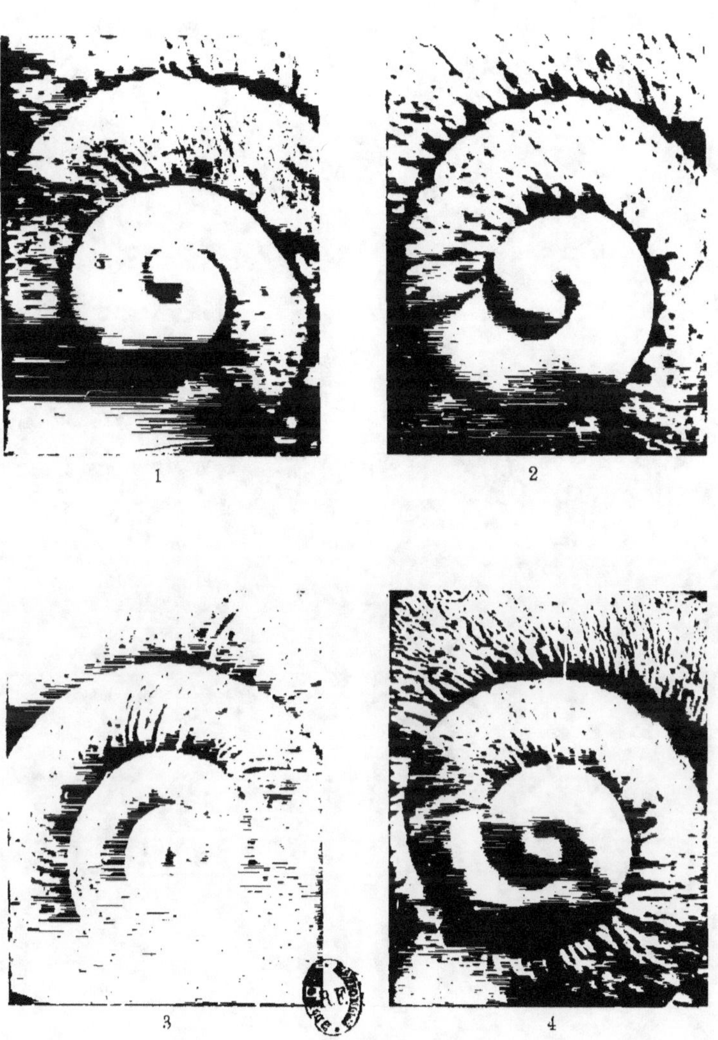

MOLLUSQUES DE SYRIE

Phototypie G. Chivot

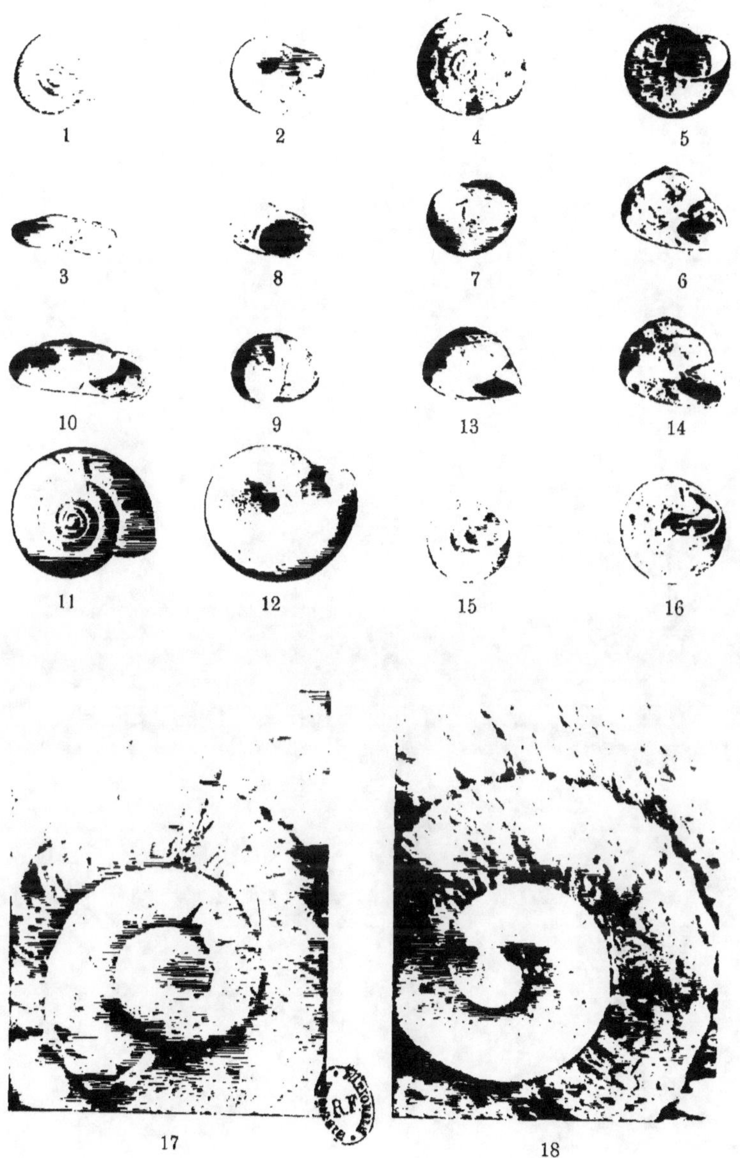

Phototypie G. Chivot

MOLLUSQUES DE SYRIE

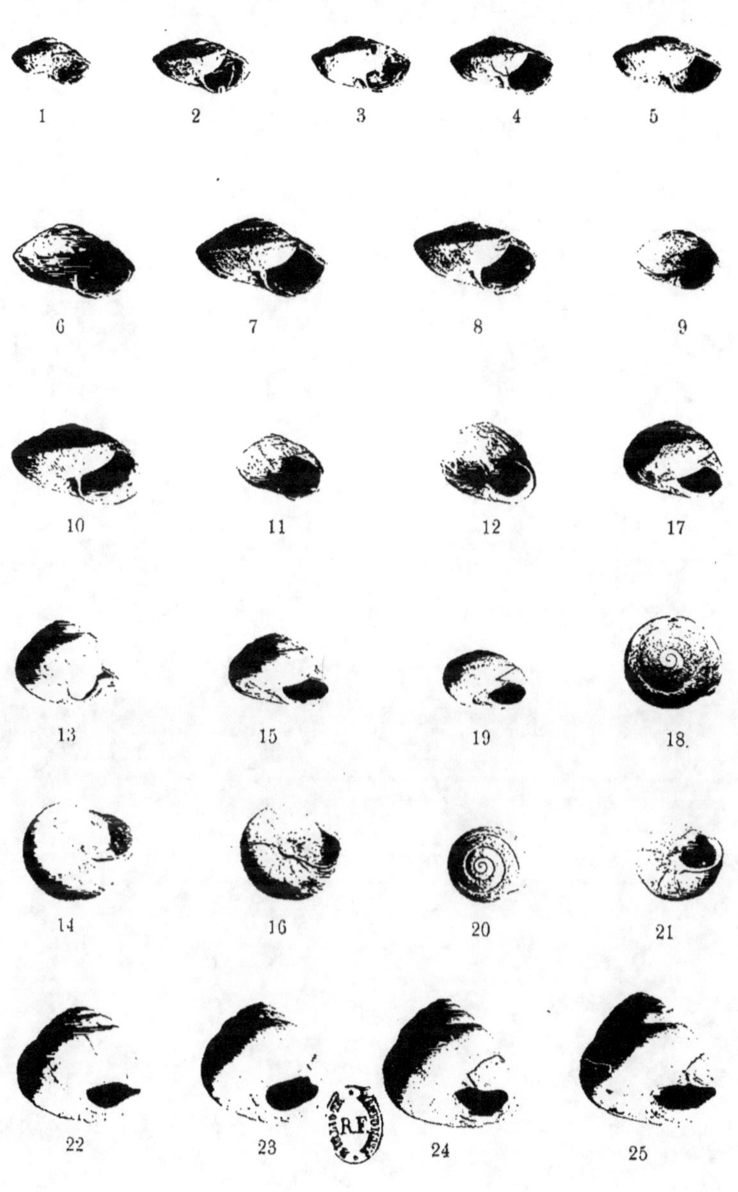

Phototypie G. Chivot

MOLLUSQUES DE SYRIE

MOLLUSQUES DE SYRIE

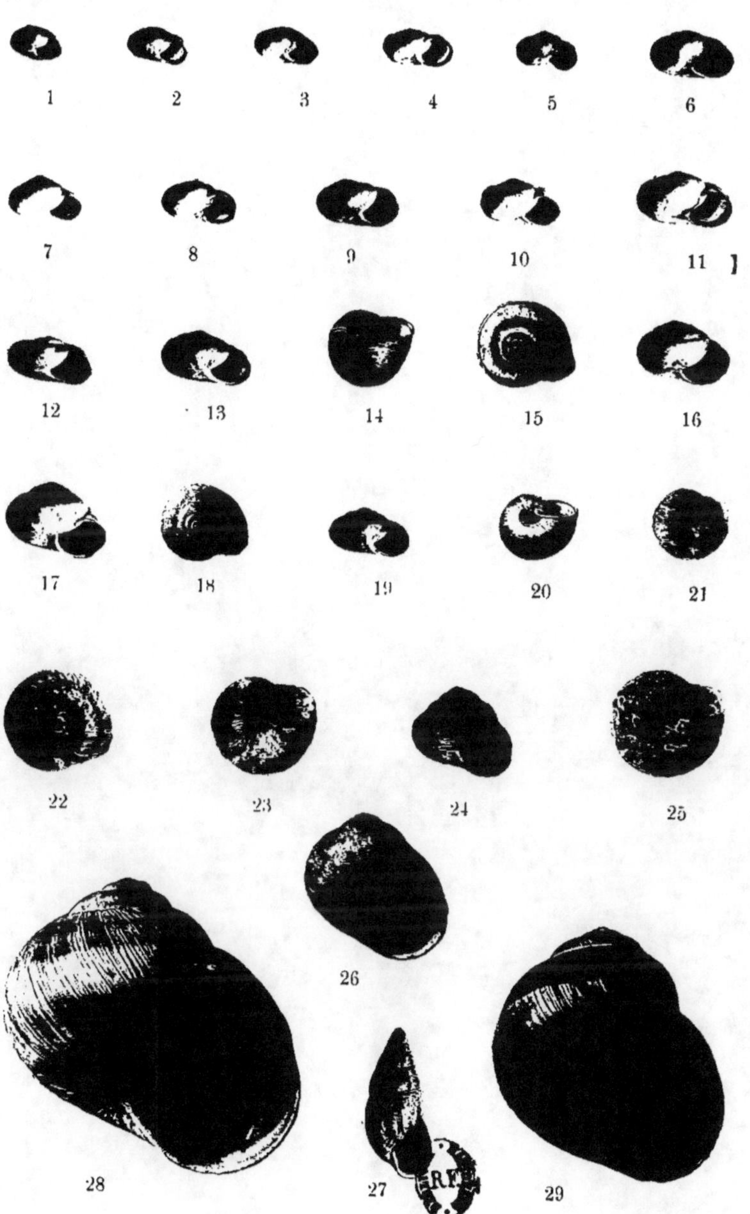

Phototypie G. Chivot

MOLLUSQUES DE SYRIE

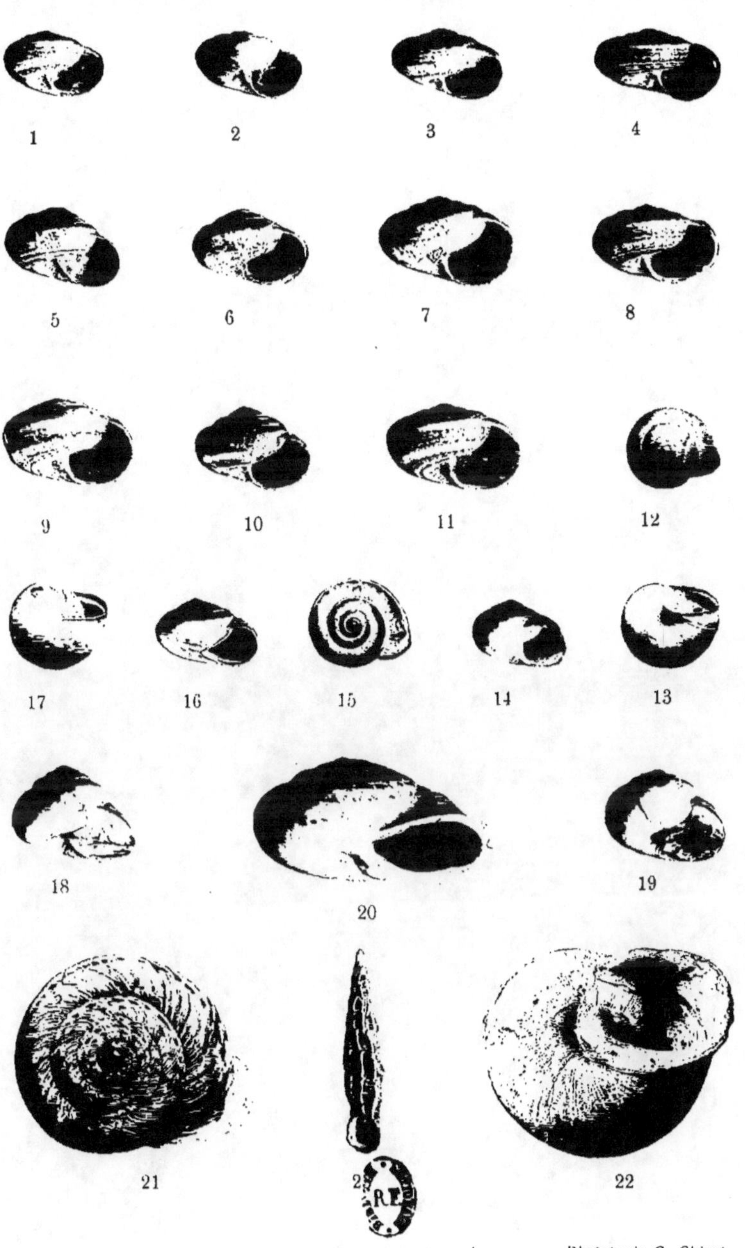

Phototypie G. Chivot

MOLLUSQUES DE SYRIE

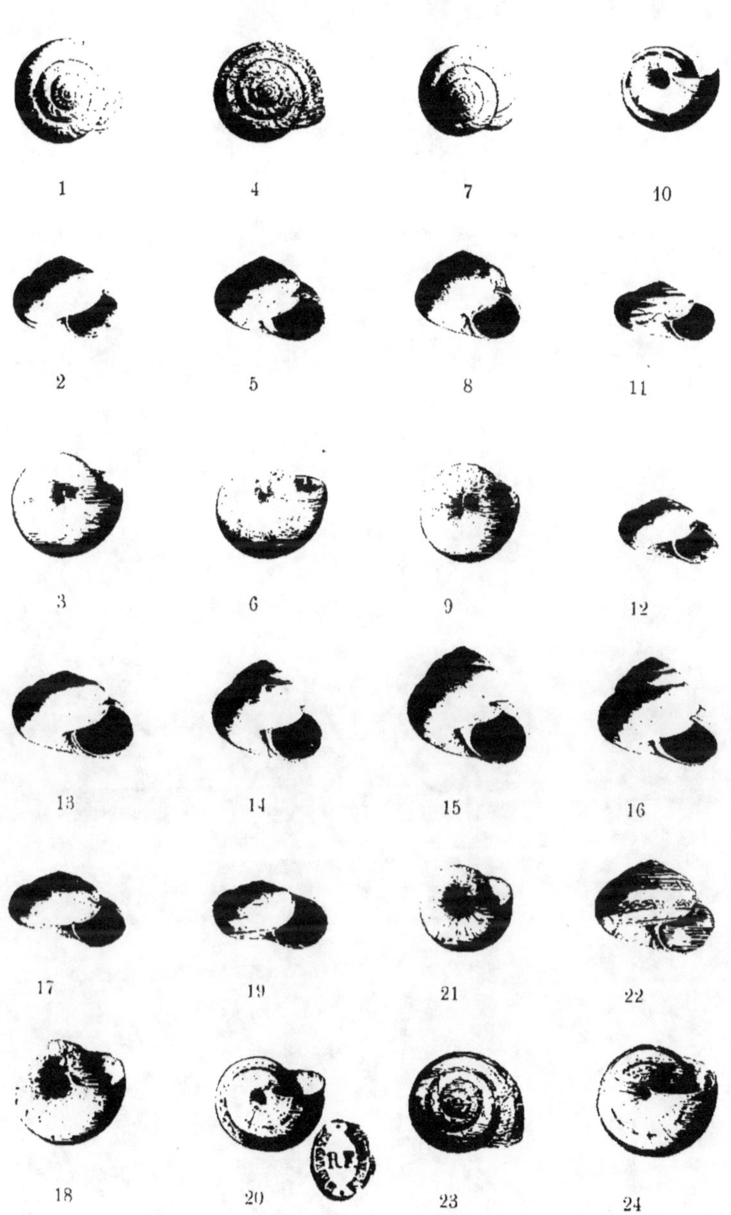

Phototypie G. Chirot

MOLLUSQUES DE SYRIE

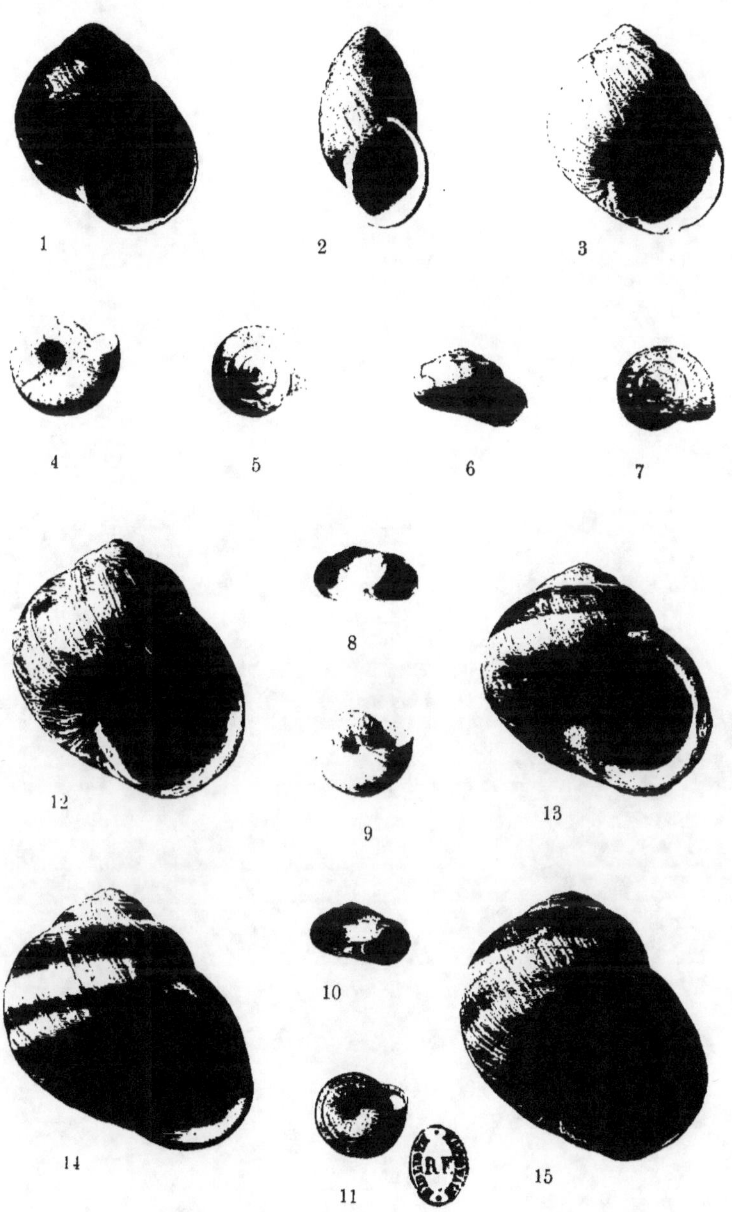

Phototypie G. Chivot

MOLLUSQUES DE SYRIE

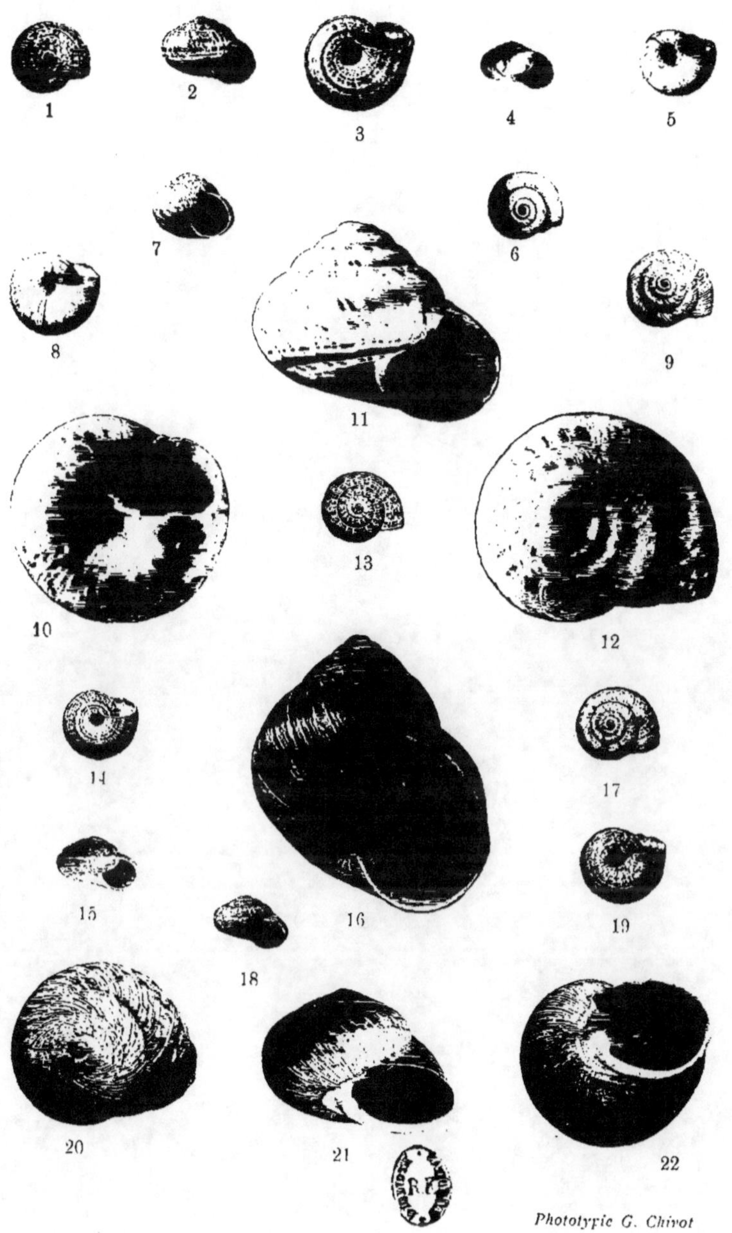

MOLLUSQUES DE SYRIE

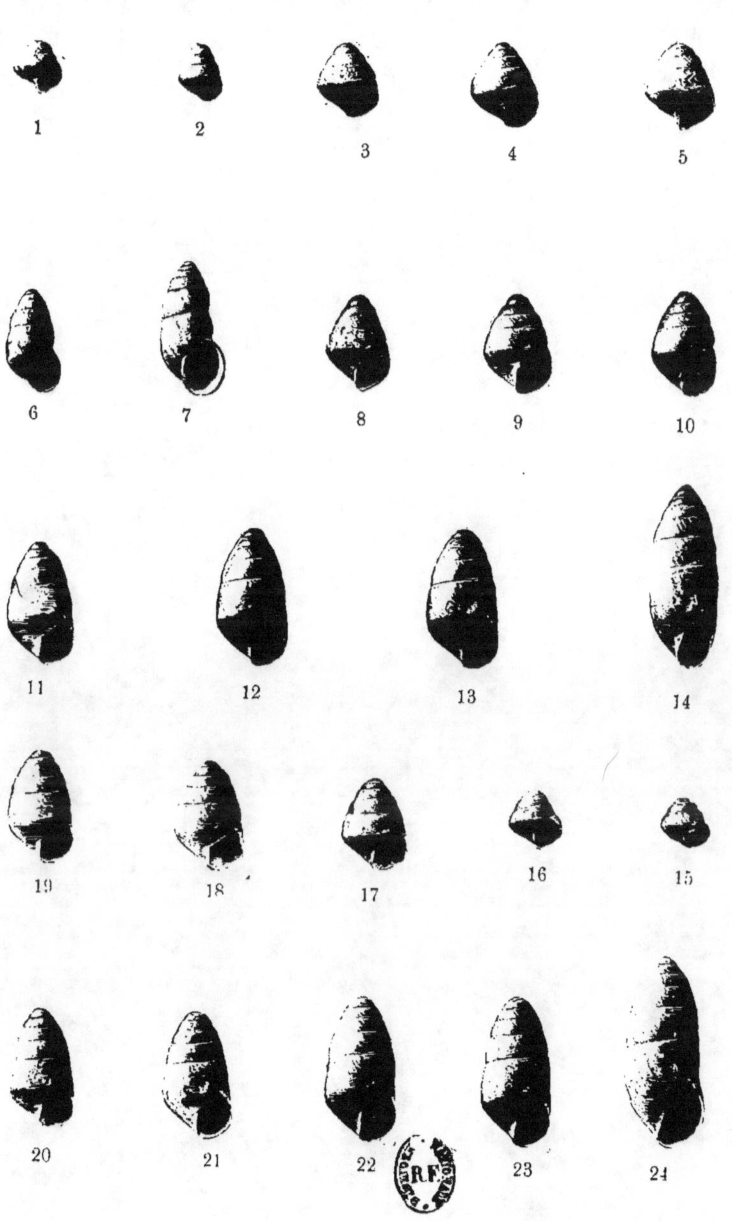

Phototypie G. Chivot

MOLLUSQUES DE SYRIE

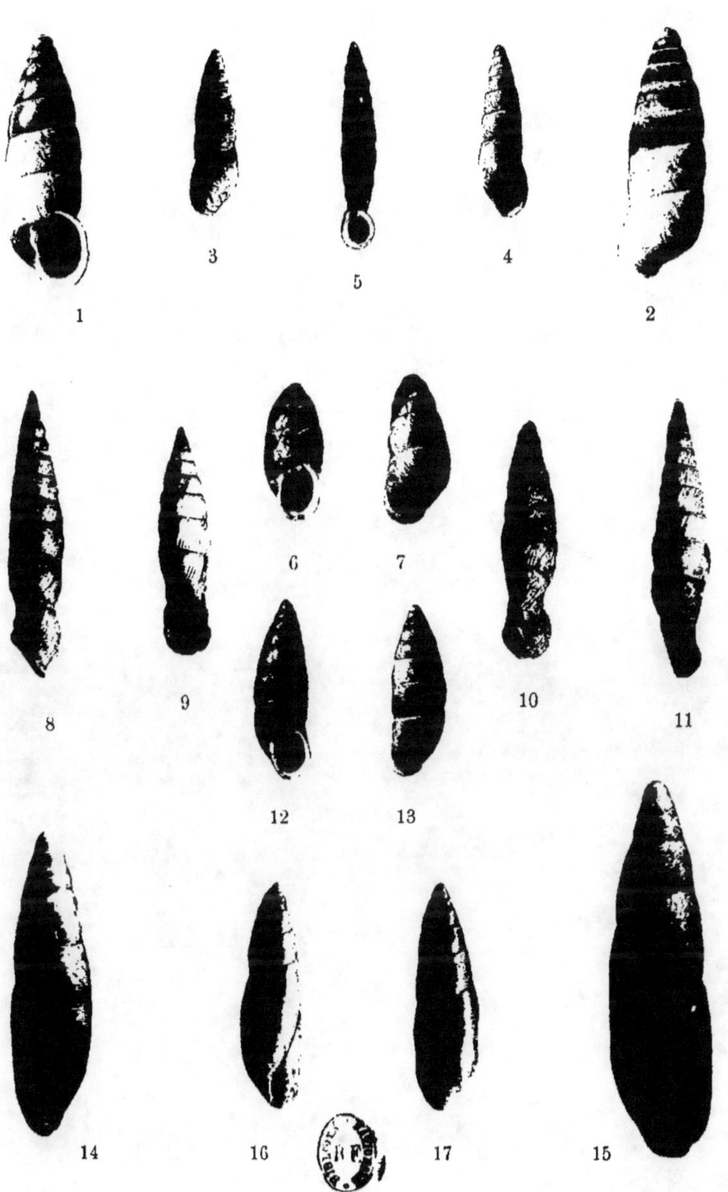

Phototypie G. Chivot

MOLLUSQUES DE SYRIE

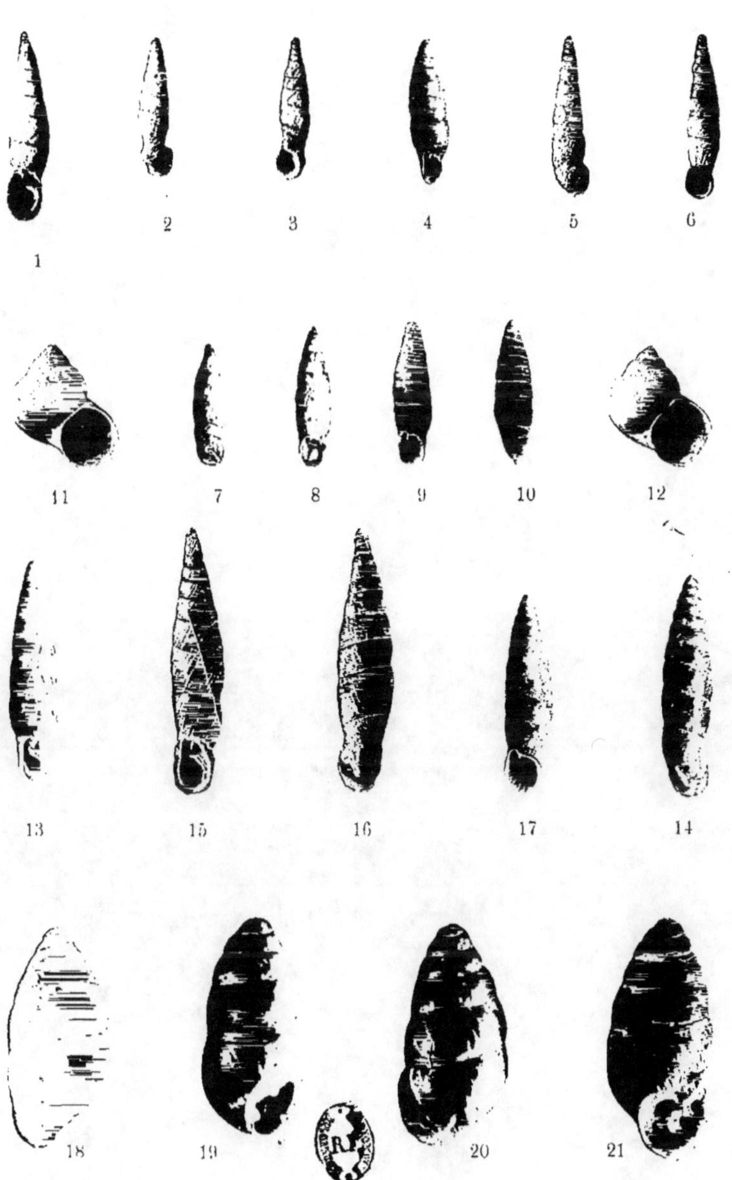

Phototypie G. Chivot

MOLLUSQUES DE SYRIE

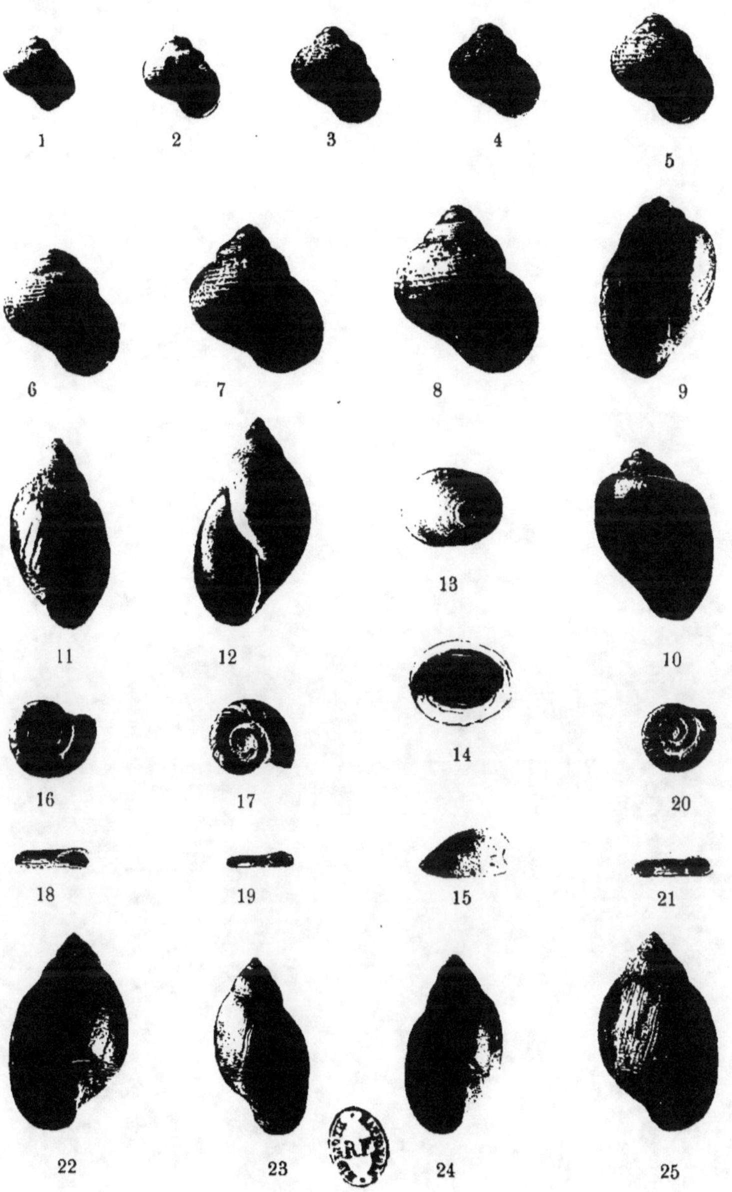

MOLLUSQUES DE SYRIE

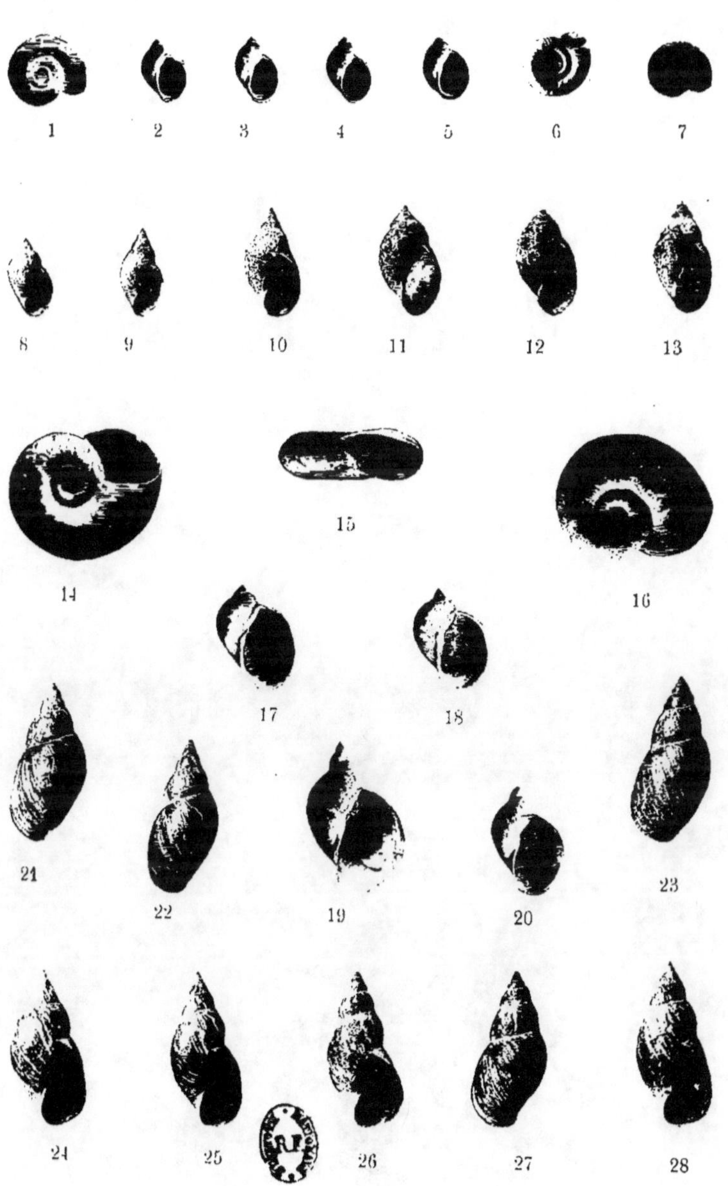

Phototypie G. Chivot

MOLLUSQUES DE SYRIE

MOLLUSQUES DE SYRIE

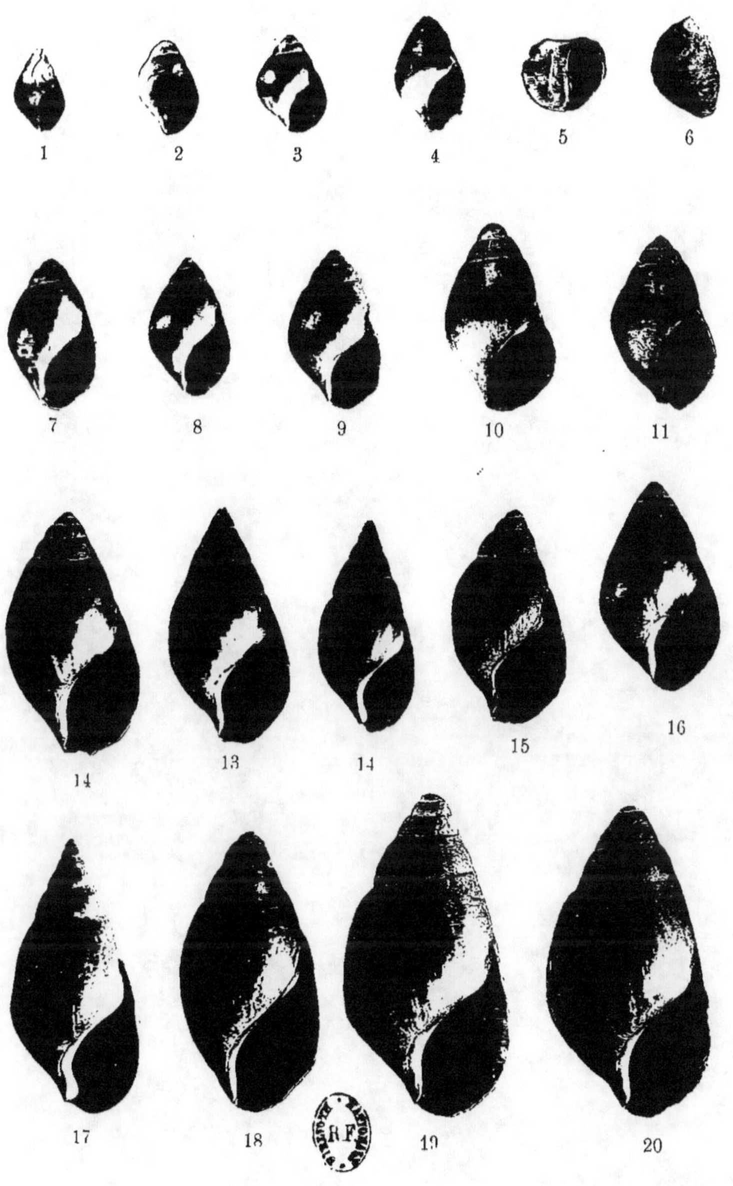

Phototypie G. Chivot

MOLLUSQUES DE SYRIE

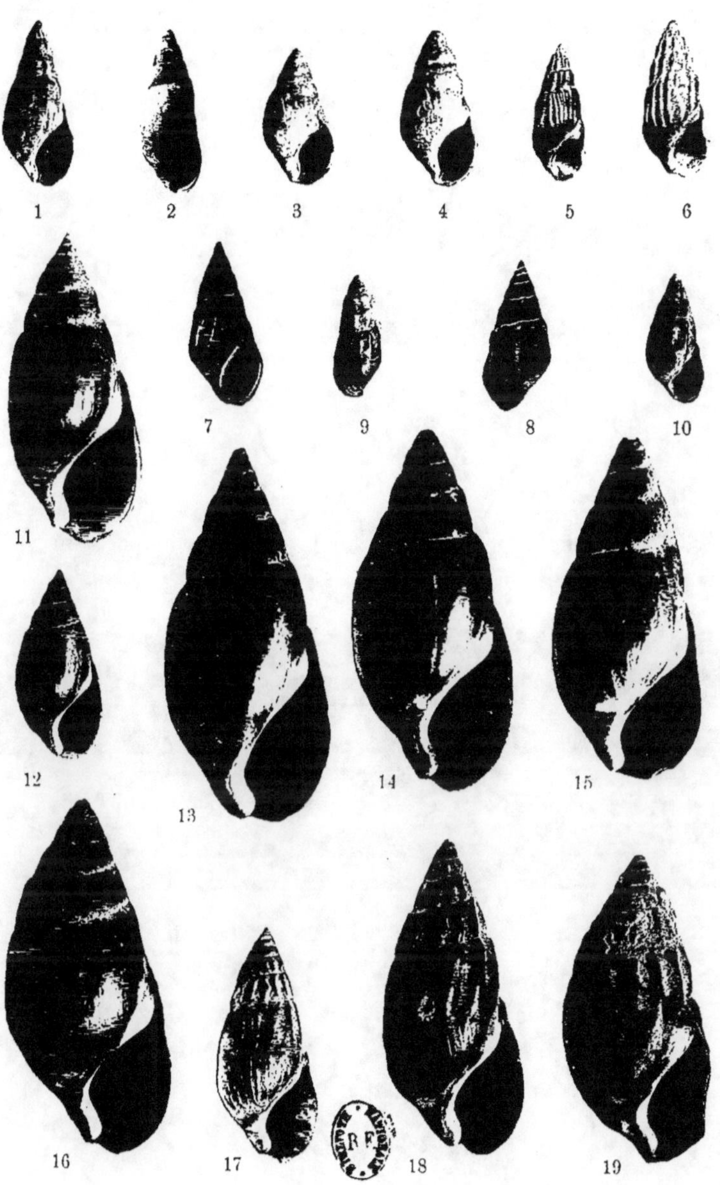

Phototypie G. Chivot

MOLLUSQUES DE SYRIE

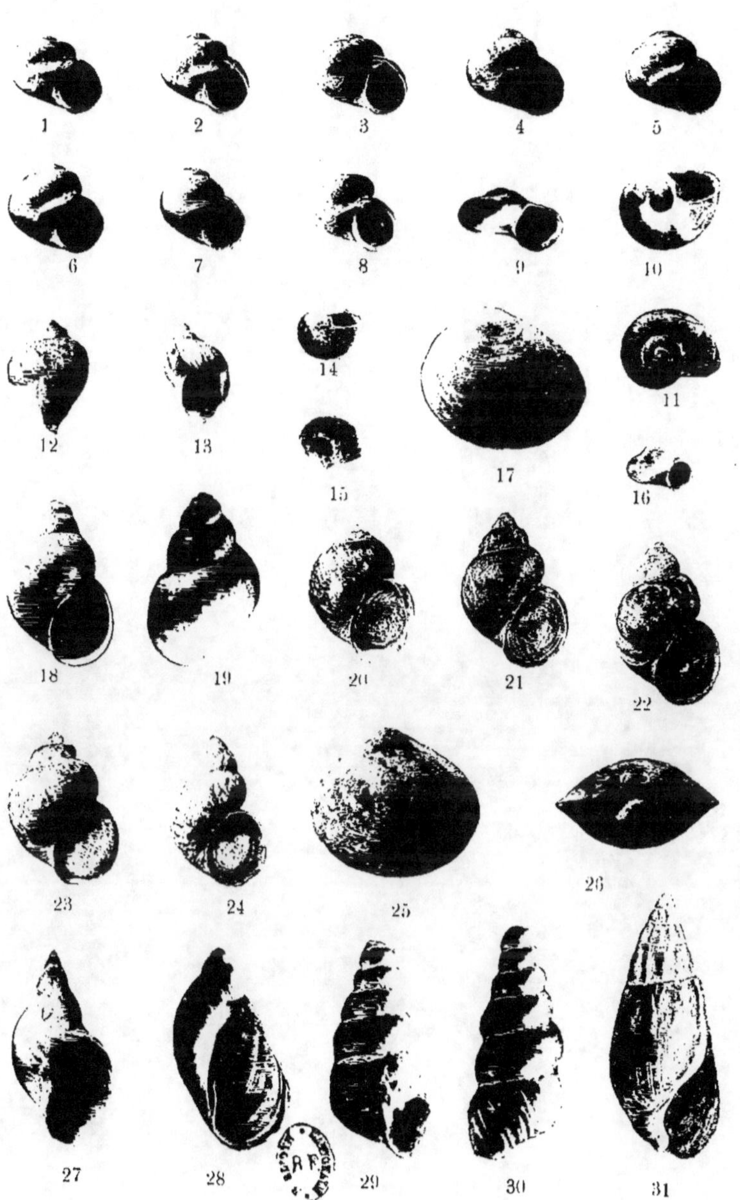

MOLLUSQUES DE SYRIE

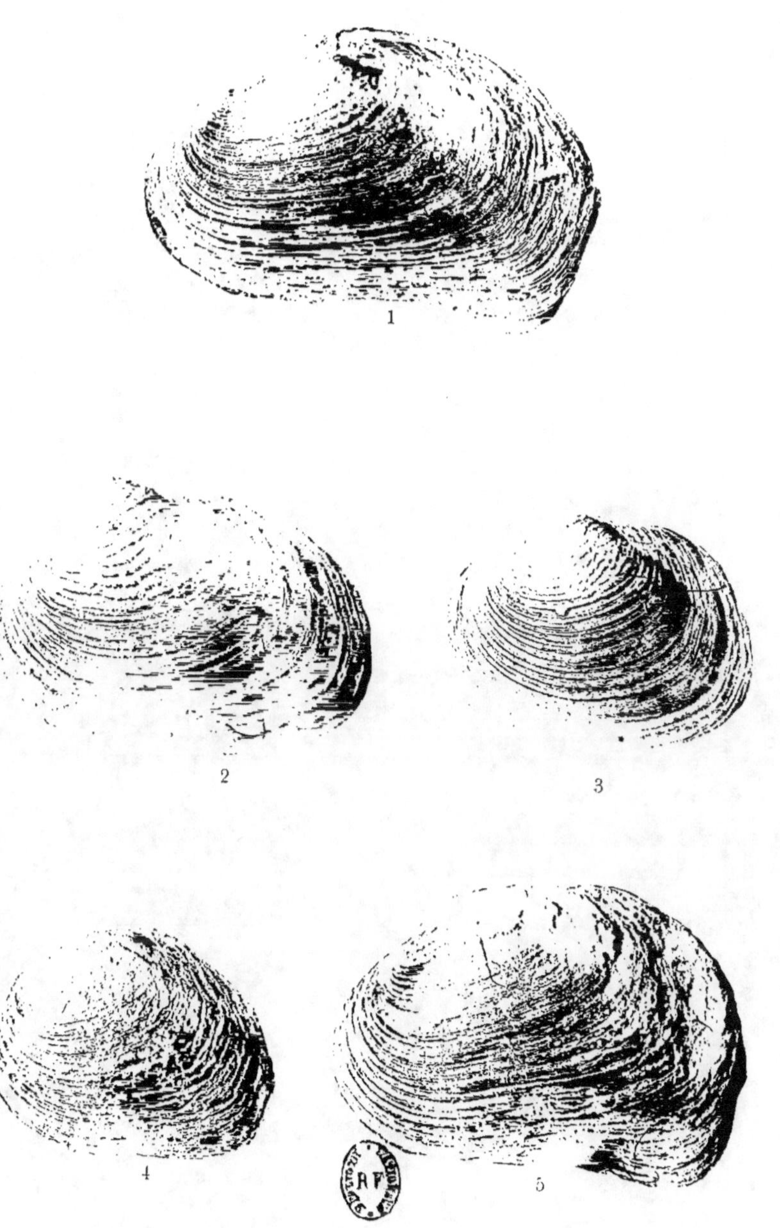

MOLLUSQUES DE SYRIE

MOLLUSQUES DE SYRIE

www.ingramcontent.com/pod-product-compliance
Lightning Source LLC
LaVergne TN
LVHW021143050726
842519LV00002B/484